成就青少年一生的人生哲理

王可 编著

中国出版集团
现代出版社

图书在版编目（CIP）数据

成就青少年一生的人生哲理／王可编著．—北京：现代出版社，2011.9（2025年1月重印）

ISBN 978-7-5143-0318-6

Ⅰ．①成… Ⅱ．①王… Ⅲ．①人生哲学－青年读物②人生哲学－少年读物 Ⅳ．①B821-49

中国版本图书馆CIP数据核字（2011）第146296号

成就青少年一生的人生哲理

编　　著　王　可
责任编辑　杨学庆
出版发行　现代出版社
地　　址　北京市安定门外安华里504号
邮政编码　100011
电　　话　010-64267325　010-64245264（兼传真）
网　　址　www.1980xd.com
电子信箱　xiandai@vip.sina.com
印　　刷　三河市人民印务有限公司
开　　本　710mm×1000mm　1/16
印　　张　13
版　　次　2011年10月第1版　2025年1月第9次印刷
书　　号　ISBN 978-7-5143-0318-6
定　　价　49.80元

前 言

人生就像案上的一杯美酒，不论是浅尝，还是深品，都有一番特别的味道。对于不同的路该如何走，这是我们每个人必须冷静思考的问题。

著名作家果戈里曾经说过："不说别的，光是拥有未来，青年人就够幸福的了。"然而，现实中的青少年，又有多少能真正感受到"拥有未来"的幸福呢？很多青少年更多的时候感到的是茫然和无所适从。虽然他们知道"少壮不努力，老大徒伤悲"的道理，却不知道怎样才能做到避免自己将来"因为虚度年华而悔恨，因为碌碌无为而羞耻"。这是一种非常遗憾而又必须改变的现象！

如何才能正确地把握人生？如何才能领会生活的真谛？如何才能做生活的智者？答案是——掌握人生哲理。因为哲理是无数前人成功经验和失败教训的规律性总结，是生活智慧的结晶。所以人生离不开哲理，就像夜行离不开灯的指引。早一天领悟，就早一天少走弯路，少受挫折，在人生的道路上走得更平稳、顺利，更快地迈向成功，早日拥有幸福。

而《成就青少年一生的人生哲理》就是因此而出的一本能够教会青少年如何看待人生，如何面对挫折，如何思考人生每一天的读物。书中每个故事都是一泓甜美的清泉，它能够浇灌人的心田；每条哲理就像照亮黑夜的明星、航行大海的罗盘，它能够指引我们人生的方方面面。

希望本书能让您更深刻地理解和把握人生，明智而从容地面对人生道路上的各种问题，在未来的人生旅程中，多一些得，少一些失；多一些成，少一些败，顺利、快速地走向成功和幸福。

目 录
Contents

人生成功的起点——心态

一位伟人说："要么你去驾驭生命，要么就是生命驾驭你。你的心态决定谁是坐骑，谁是骑师。"青少年时代是生命中最重要的成长阶段，很多成功人士就是在这个阶段养成了积极的心态，为他们的成功之路奠定了基础。所以心态是人生成功的起点。

用积极的心态去面对

读高中的时候，杰温·汤姆的几何曾经三次不及格。最终，汤姆及格了，并且进入威斯康星的一所大学主修心理学。

一个小小的难题横在了汤姆和他的学位之间——统计学。它有一个汤姆必须在第二年完成的四个小时的实验。在听说了各种有关统计学的可怕传闻之后，汤姆在精神上被推到了一个绝望的位置。这种恐惧是毁灭性的。

一天，汤姆被叫进了教授的办公室。

法因教授——一个矮矮的、胖胖的、有着细细的头发和永恒微笑的男人，他坐在桌子的前半部分，脚悬在半空中。他看了看汤姆的要求换专业的申请，然后把手放到了头上。

"孩子，今天可是你的幸运日。"

汤姆抬起头来看着法因教授。法因教授又重复着："今天确实是你的幸运日。你要相信，任何一种遗传基因，都有得到补偿的时候。你将在统计学上非常出色。"他的脸上绽开了一个大大的笑容。

“能告诉我是怎么回事吗？”汤姆问道。

法因教授耸耸肩，说：“你拥有第二种思维方式。听着，拥有第一种思维方式的，是那些擅长几何却在统计学中表现很糟糕的孩子。他们学统计时会疯了一样地挣扎，那是一种完全不同的数学，因而需要一种不同的思维方式，就像你的思维方式。”他拿起了汤姆的成绩单。

“你对几何缺乏天分，但你很可能在统计学上拿到‘A’。几何学得好的孩子一般都学不好统计，几何很糟的孩子却能很轻松地理解统计学的各种难题。如果你有一次几何不及格，我猜想你就能在统计上得到一个‘A’或者‘B’。想想吧，孩子，你有三次都不及格，你简直就是一个天才。”他又一次把手放到了头上。

“天哪！是真的吗？”汤姆被弄糊涂了。

法因教授跳到了地板上，用他的手托起汤姆的脸，并瞪大了眼睛，说：“真的，我真为你感到高兴。你从没有放弃过，现在是该你得到补偿的时候了。”

一阵狂喜包围了汤姆。法因教授撕碎了汤姆的申请，碎片撒落在垃圾桶附近的地板上。法因教授握了握汤姆的手，又拍拍他的背，怀着一种极大的热情和鼓励。

当离开这座象牙色的砖砌建筑并在校园里穿行的时候，汤姆向二楼的窗户望去，法因教授还在微笑着，他竖起两根手指，意思是“第二种思维方式”。汤姆也冲他笑了笑，然后竖起了三根手指，意思是“三次不及格”。

到汤姆升上二年级的时候，这一幕在他的脑海里已经至少重复了一千遍。每一次想起，汤姆都会看到一个赞许的微笑，一次坚定的、热情洋溢的握手，很可能还有法因教授向其他教授关于自己的介绍，其中对他的期待则被一遍又一遍地重复着。

后来，汤姆开始告诉自己的朋友们，自己是多么期待能学好统计学。带着对自己的全新的“第二思维方式”的清醒认识，汤姆得到了大学生涯里的最高分。汤姆从未想过自己会做得这样好，并且本来很可能做不到，如果不是法因教授的话。

整整两年，汤姆都期待着统计学的来临。当这一刻终于到来的时候，汤姆做了一件自己从未在其他数学课上做的事情——抢占了一个前排的座位。问了那么多的问题以至于让人觉得讨厌。那个学期汤姆的统计课本从来没有远离过自己。当然，汤姆和朋友相处以及出游的时间也变得很少了。他给自己定下了一些原则，并且坚持着。

无论法因教授是怎么说的，统计学确实是一门很难的学问，它需要高度集中的注意力和频繁的指导。但是，付出总是有回报的，汤姆获得了那年全校唯一的全A。

不久以后的一天，汤姆偶然遇到了法因教授从前的一个助手，他说："祝贺你！"他笑一笑之后继续说，"法因教授总是告诉那些天赋不好的学生'第二种思维方式'的故事。你一定会对这个故事奏效的程度感到吃惊，是吗？"

成功的方法有许多种，"第二种思维方式"就是其中之一。下次，当你遇到困难想放弃时，或是在某一件事上否认自己时，不妨想想第二种思维方式的故事。毫无疑问，第二种思维方式就是积极的思维，就是用积极的态度去面对即将发生的事情。

人生哲理

当我们凡事用积极的心态去面对时，就能消除大脑中固有的消极想法，并且相信自己一定能做好某件事情。当然，这样的结局是会让自己满意的，因为当我们把潜意识中的恐惧克服了之后，成功的路上就会少了一道障碍。

没有台词也能成为主角

生活中有这样的一种人，总喜欢走到哪里都成为人们注意的焦点，在单位里希望自己的工作得到所有人的肯定，一旦没有达到预期的效果，就会抱怨上司或同事；在家里，希望全家人以自己为"中心"，一旦有家人忽略了他，就认为是不尊重他；和朋友集会时，希望“众星”捧自己这个“月”，当有人表现出不恭时，就会不满，认为没有给自己面子。事实上，在每个人的一生中，都不可能有永远做主角的时候，但是，我们可以把没有台词的配角当成主角来演。

玛丽是一个10岁的小姑娘，她从小就希望自己能成为一名出色的演员。这不，机会来了，学校准备排练一部叫《圣诞前夜》的短话剧。玛丽热情地去报了名，对此，她的家人都表示了支持。

定角色那天，玛丽回到家后，径直去了自己的卧室，她的脸上没有了以前的笑容，眉头紧锁，嘴唇紧闭。家里人见状很是担心，便都跟了进去。

“你被选上了吗？”哥哥小心翼翼地问。

“是的。”玛丽的声音极细，那两个字简直是从牙缝里挤出来的。

“那你为什么不高兴呢？”父亲问。

“因为我的角色！这部短剧只有4个人物：父亲、母亲、女儿、儿子。”玛丽说。

“你的角色是什么？”父亲接着问。

“他们让我演……演一只狗！”玛丽说完，用被子蒙住了头。家里人只好默默地退出了她的房间。

晚饭后，父亲和玛丽谈了很久，但他们没有透露谈话的内容。

除父亲外，全家人都很奇怪玛丽为什么没有退出排练，因为她们认为演一只狗没什么好排练的。

但是，玛丽却练得很认真，很投入，她还用自己的零花钱买了一对护膝，据说这样她在舞台上爬时，膝盖就不会痛了。玛丽还告诉家里人，她的动物角色名叫“拉拉”。

演出那天，玛丽的家人早早地到了剧场。当灯光转暗时，演出正式开始了。

最先出场的是“父亲”，他在舞台正中的摇椅上坐下后，就大声召集家人出来讨论圣诞节的意义。接着“母亲”出场，她优雅地面对观众坐下。然后是一脸幸福的“女儿”和“儿子”，他俩分别跪坐在“父亲”两侧的地板上，然后把头倚在“父亲”的大腿上，眼睛却看着慈祥的“母亲”……

“这是多么和睦、快乐的一家人啊!”观众们想。

在这一家人热烈的讨论声中，玛丽穿着一套黄色的、毛茸茸的狗道具，手脚并用地爬进场。

然而，这不是简单地爬，“拉拉（玛丽)”蹦蹦跳跳、摇头摆尾地跑进客厅，她先在小地毯上伸个懒腰，然后用可爱的小鼻子嗅嗅男主人的脚尖，又抬起前脚朝两位小主人做了一个滑稽的动作，才在壁炉前安顿下来，并开始呼呼大睡，一连串动作，惟妙惟肖。很多观众都注意到了，四周传来轻轻的笑声。

接下来，剧中的“父亲”开始给全家人讲圣诞节的故事。他刚说到“圣诞前夜，万籁俱寂，就连老鼠……”

“拉拉”突然从睡梦中惊醒，机警地四下张望，仿佛在说：“老鼠？哪有老鼠?”神情和真的小狗一模一样。舞台下玛丽的哥哥用手掩着嘴，强忍住笑。

男主角继续讲：“突然，轻微的响声从屋顶传来……”昏昏欲睡的“拉拉”又一次惊醒，好像察觉到异样，它仰视屋顶，喉咙里发出呜呜的低吼。

太逼真了！可爱极了！玛丽一定费尽了心思。很明显，这时候的观众已不再注意主角们的对白，几百双眼睛全盯着“拉拉”。

因为“拉拉”的位置靠后，其他演员又都是面向观众坐着，所以观众可以看见玛丽，其他演员却无法看到她的一举一动。他们的对话还在继续，玛丽幽默精湛的表演也没有间断，台下的笑声更是此起彼伏。

那晚，玛丽的角色没有一句台词，却抢了整场戏。

后来，玛丽告诉哥哥说，让她改变态度的是爸爸的一句话：“如果你用演主角的态度去演一只狗，狗也会成为主角。”

命运赐予我们不同的角色，与其怨天尤人，自暴自弃，还不如全力以赴，亮出最好的自己。

在人生的舞台上，你是不是经常扮演没有台词的角色？不要紧！如果你全身心地投入剧中，竭尽全力地去扮演好自己的角色，你也可能成为舞台上的“焦点”，成为万众瞩目的“主角”，只要你努力，谁说这样的幸运不会降临到你身上呢？

如果因为自己的角色没有台词，而采取应付的态度，那么你就在观众给你下“评语”之前提前宣判了自己的“死刑”。

人生哲理

用什么样的心态对待自己的角色，就会有什么样的收获，你把自己当成主角，就能演出主角的风采。在此，我们有必要记住玛丽父亲的那句话：“如果你用演主角的态度去演一只狗，狗也会成为主角！”

心态成就一切

习惯抱怨工作的人，不容易获得真正的成功。其实，要看一个人工作得好坏，只看他工作时的精神和态度就可基本清楚。如果某人总感到所做的工作困难重重，劳碌辛苦，没有任何趣味，那么他绝不会做出伟大的成就。

一个人对工作所具有的态度，和他本人的性情、能力，有着密切的关系。一个人所做的工作，就是他人生的部分表现。而一生的职业，就是他志向的表示，理想的所在。所以，了解一个人的工作，在一定程度上就是了解那个人。

如果一个人轻视自己的工作，做得很粗陋，那么他绝不会尊敬自己。如果一个人认为他的工作辛苦、烦闷，那么他的工作绝不会做好，这一工作也无法发挥他的特长。在社会上，有许多人不重视自己的工作，不把自己的工作看成创造事业的要素，发展人格的工具，而视为衣食住行的供给者，认为工作是生活的代价，是不可避免的劳碌，这是一种错误的观念。

人就是在克服困难的过程中，产生了勇气、坚毅和商尚的品格。常常抱怨工作的人，终其一生，也不会有真正的成功。抱怨和推诿，其实是懦弱的自白。

在任何情形下，都不允许你对自己的工作表示厌恶，厌恶自己的工作，是最坏的事情。如果你为环境所迫，而做着一些乏味的工作，你也应当设法从这乏味的工作中，找出乐趣来。要懂得，凡是应当做而又必须做的事情，总要找出事情的乐趣，这是我们对于工作应抱的态度。有了这种态度，无论做什么工作，都能有很好的成效。

如果一个人鄙视、厌恶自己的工作，那么他必遭失败。引导成功者的磁石，不是对工作的鄙视与厌恶，而是真挚、乐观的态度和百折不挠的精神。

不管你的工作是怎样地微不足道，你都当付之以艺术家的精神，都当有十二分的热忱。这样，你就可以从平庸卑微的境况中解脱出来，不再有劳碌辛苦的感觉，你就能使你的工作有了乐趣，厌恶的感觉也自然会烟消云散。

一个人工作时，如果能以火一般的热忱，充分发挥自己的特长，那么不论所做的工作怎样，都不会觉得工作劳苦。如果我们能以满腔热情去做最平凡的工作，也能成为最精明的工人；如果以冷淡的态度去做最高尚的工作，也不过是个平庸的工匠。所以，在各行各业都有发展才能，提升职位的机会。在整个社会中，实在没有哪一个工作是可以藐视的。

一个人的终身形象，就是他亲手制成的雕像，是美丽还是丑恶，可爱还是可憎，都是由他一手造成的。而人的一举一动，无论是写一封信，说一句话，或是形成一个思想，都在说明雕像的美或丑，可爱或可憎。

不论做何事，务须竭尽全力，这种精神的有无可以决定一个人日后事业的成败。如果一个人领悟了通过全力工作来免除工作中的辛劳的秘诀，那么他也就掌握了达到成功的钥匙。倘若能处处以主动、努力的精神来工作，那么即便在最平庸的职业中，也能增加他的权威和财富。

不要使生活太呆板，做事也不要太机械，要把生活艺术化，这样，在工作上自然会感到有兴趣，会尽力去工作。

人生哲理

任何人都应该抱这样一种心态：做一件事，不论遇到什么困难，都要做到尽善尽美的地步。在工作中，要表现自己的特长，发展自己的潜能，不可因工作的不重要而自我藐视。

好的心态在于激发

十余年前，电视剧《北京人在纽约》风靡全国，这部电视剧之所以吸引人们的眼球，除了剧情外，关键是它充满着一种积极向上的力量，鼓励人去努力，去奋斗。

剧中有一句很有名的话："如果你爱一个人，那么让他到纽约去吧，那里是天堂；如果你恨一个人，那么让他到纽约去吧，那里是地狱。"

这句话很有意思，纽约对于一些人来说，是个天堂，而对于另外一些人来说，则是名副其实的地狱。

区别地狱和天堂的尺度，其实就在自己的心里。对于心态积极的人来说，那里就是天堂，而对于心态消极的人来说，那里毫无疑问就是一个地狱。

北京的音乐家王启明为了追逐梦想，携带妻子来到了美国的大都会纽约。但是，这里并不像他想象的那样，他这个音乐家在这里根本没有办法生活。最后只好放下架子，用拉小提琴的双手去餐馆刷盘子，日子可以说是过得相当凄惨。

这个时候的纽约，对于王启明来说就是典型的地狱，但是王启明并没有因此而消沉，而是在努力生存，最终获得了成功，这个时候的纽约，对于他来说就是一个天堂。

而这之间的根本区别，就在于心态的积极与否。如果没有积极的心态作为后盾，在国内只会拨弄琴弦的王启明怎么会激发出经商的潜能呢？又怎么能够获得成功呢？

我们每个人天生都携带着一种看不见的法宝——积极的心态。由于有了积极的心态，王启明赤手空拳来到了美国，并获得了成功。还有一些比王启明的条件优越上百倍的人，由于没有积极的心态，而走上了绝路。

据媒体报道，一位在加拿大留学的留学生在多伦多跳桥自杀，身后遗下一双未成年的儿女及无助的妻子。这位留学生曾经是高考状元，在国内一所著名高校获得硕士学位，被破格提升为该校最年轻的副教授。后远渡重洋赴美国攻读，并且获得核物理博士学位。后来移居加拿大，找不到合适的工作，万般无奈之下，在多伦多攻读第二个博士学位。

此后由于四处寻找工作没有结果，最后走上了绝路。

这个拥有双博士学位、在国外生活多年的留学生，条件比只会拉琴、对美国丝毫不了解的王启明可谓是好上百倍，但是由于心态的不同，使他们走上了不同的道路。

心理学家认为，在人出生以后，他的心灵犹如一粒种子，蕴涵了无限的潜力和可能性，等待着自己去挖掘，而要发挥这些潜能，拥有积极的心态很重要。

大家也许都读过《假如给我三天光明》这本书，都应该知道海伦·凯勒这个人。海伦·凯勒1880年出生于亚拉巴马州北部一个叫塔斯喀姆比亚的城镇。在她一岁半的时候，一场重病夺去了她的视力和听力，接着，她又丧失了语言表达能力。然而就在这黑暗而又寂寞的世界里，她竟然学会了读书和说话，并以优异的成绩毕业于美国拉德克利夫学院，成为一个学识渊博，掌握英、法、德、拉丁、希腊五种文字的著名作家和教育家。她走遍美国和世界各地，为盲人学校募集资金，把自己的一生献给了盲人福利和教育事业。她赢得了世界各国人民的赞扬，并得到许多国家政府的嘉奖。

一个聋盲人要脱离黑暗走向光明，最重要的是要学会认字读书。而从学会认字到学会阅读，得付出超乎常人的毅力。海伦是靠手指来观察老师莎莉文小姐的嘴唇，用触觉来领会她喉咙的颤动、嘴的运动和面部表情，而这往往是不准确的。她为了使自己能够发好一个词或句子，要反复地练习，海伦从不在失败面前屈服。

从海伦7岁受教育，到考入拉德克利夫学院的14年间，她给亲人、朋友和同学写了大量的信，这些书信，或者描绘旅途所见所闻，或者倾诉自己的情怀，有的则是复述刚刚听说的一个故事，内容十分丰富。在大学学习时，许多教材都没有盲文本，要靠别人把书的内容拼写在她手上，因此她在预习功课的时间上要比别的同学多得多。当别的同学在外面嬉戏、唱歌的时候，她却在努力备课。

1968年6月1日，88岁高龄的海伦走完她传奇的一生。因为她坚强的意志和卓越的贡献感动了全世界，各地人民都开展了纪念活动。有人曾如此评价她："海伦·凯勒是人类的骄傲，是我们学习的榜样，相信众多的有疾病的聋、哑、盲人都能在黑暗中找到光明"。

一个看不见任何东西、说不出一句话、听不见一丝声响的残疾人，为什么能够走出黑暗，作出了让正常人汗颜的成绩？为什么能够赢得世人如此高的褒奖？除了靠她自己的顽强毅力和她的老师莎莉文的循循教导之外，恐怕起到关键作用的就是她积极的心态。

海伦·凯勒正是凭借积极的心态将自己的潜能激发出来，才取得了辉煌的成就。

人生哲理

人生是好是坏，不由命运来决定，而是由心态来决定，我们可以用积极的心态看事情，也可以用消极的心态看一切。但积极的心态激发潜能，消极的心态抑制潜能。

把困难当做机遇

戴高乐说过："困难，特别吸引坚强的人。因为他只有在拥抱困难时，才会真正认识自己。"这句话一点没错。

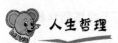

你自己努力过吗？对于你所遭遇的困难，你愿意努力去尝试，而且不止一次地尝试吗？只试一次是绝对不够的，需要多次尝试。那样你会发现自己蕴藏着巨大能量。许多人之所以失败，只是因为未能竭尽所能去尝试，而这些努力正是成功的必要条件。

克服困难的一个步骤是学会真正思考，认真积极地思考。任何失败、任何问题均能通过积极思考来解决。

有一个男孩在报上看到应征启事，正好是适合他的工作。第二天早上，他准时到达应征地点时，发现应征的已有20个男孩。

如果换成一个意志薄弱、不太聪明的男孩，可能会因此而打退堂鼓，但是这个小伙子却不一样。他认为自己应该动动脑筋，运用自身的智慧想办法解决困难。他不往消极方面思考，而是认真去思考，看看是否有办法解决。

他拿出一张纸，写了几行字，然后走出队伍，并要求后面的男孩为他保留位子。他走到负责招聘的女秘书面前，很有礼貌地说："小姐，请你把这张纸交给老板，这件事很重要。谢谢你!"

这位秘书对他的印象很深刻。因为他看起来神情愉悦，文质彬彬，有一股强烈的吸引力，令人难以忘记。所以，她将这张纸交给了老板。

老板打开纸条，见上面写着这样一句话：

"先生，我是排在第21号的男孩，请不要在见到我之前做出任何决定。"

他得到这份工作了吗？你认为呢？像他这样会思考的男孩无论到什么地方一定会有所作为。虽然他年纪很轻，但是他知道如何去想，认真思考。他已经有能力在短时间内抓住问题核心，然后全力解决它，并尽力做好。

实际上，人在一生中会遇到很多诸如此类的问题。当遇到问题时，一旦认真思考，便很容易找到解决办法。在遇到困难时，你应该把自己当成强者，并把困难当做机遇，在心里把自己当成冠军。

几乎没有人考虑过自己在诞生之前就赢得了许多战役。遗传进化学家舍菲尔德说："停下来考虑你自己的事吧。在整个世界史中，没有任何别的人会跟你一模一样。在将要到来的全部无限的时间中，也绝不会有像你一样的另一个人。"

你是一个很特殊的人。为了生下你，许多斗争发生了，这些斗争又必须以成功告终。想想这样一幅伟大的情景吧。

数以亿计的精细胞参加了激烈的战斗，然而其中只有一个赢得了胜利，就是构成你的那一个！这是为了达到一个目标而进行的一次大规模的赛跑：这个目标就是包含一个微核的宝贵的卵。这个为精虫所争夺的目标比针尖还要小，而每个精虫也是小得要被放大到几千倍才能为肉眼所见。然而，你的生命的最决定性的战斗就是在这么微小的场合里进行并最终获得胜利。

人最重要的生命已经开始，你生下之前就成了冠军，这种情况你以后必定还要面临的。为了所有实际的目的，你已从过去巨大的积蓄中继承了你所需要的一切潜在的力量和能力，以便达到你的目的。

你生来便是一名冠军，现在无论有什么障碍和困难挡在你的道路上，它们都不及你在成功时所克服的障碍和困难的十分之一那么大！

人生哲理

把自己视为一个成功的形象，有助于打破自我怀疑和自我失败的心理，这种心理是消极的心态经过若干年逐渐形成的。另一个同等重要的、能帮助你改变你世界的成功技巧是，把困难视做机遇。

在绝望处抓住快乐

快乐是什么？快乐是血、泪、汗浸泡的人生土壤里怒放的生命之花。正如惠特曼所说：“只有受过寒冻的人才能感觉得到阳光的温暖，也唯有在人生战场上受过挫败、痛苦的人才知道生命的珍贵，才能真正感受到生活中的快乐。”

托尔斯泰在他的散文名篇《我的忏悔》中讲了这样一个故事。

一个男人被一只老虎追赶而掉下悬崖，庆幸的是在跌落过程中他抓住了一棵生长在悬崖边的小灌木。此时，他发现，头顶上，那只老虎正虎视眈眈，低头一看，悬崖底下还有一只老虎，更糟的是，两只老鼠正忙着啃咬悬着他生命的小灌木的根须。绝望中，他突然发现附近生长着一簇野草莓，伸手可及。于是，这人拽下草莓，塞进嘴里，自语道："多甜啊！"

生命进程中，当痛苦，绝望、不幸和危难向你逼近的时候，你是否还能顾及享受一下野草莓的滋味？"尘世永远是苦海，天堂才有永恒的快乐"是禁欲主义编撰的用以蛊惑人心的谎言，而苦中求乐才是快乐的真谛。

二战期间，一位叫伊莉莎白·康黎的女士，在庆祝盟军在北非获胜的那一天收到了一份电报，她的侄儿——她最爱的一个人死在战场上了。她无法接受这个事实，她决定放弃工作，远离家乡，把自己永远藏在孤独和眼泪之中。

正当她清理东西，准备辞职的时候。忽然发现了一封早年的信，那是她侄儿在她母亲去世时写给她的。信上这样写道："我知道你会撑过去。我永远不会忘记你曾教导我的：不论在哪里，都要勇敢地面对生活。我永远记着你的微笑，像男子汉那样，能够承受一切的微笑。"她把这封信读了一遍又一遍，似乎他就在她身边，一双炽热的眼睛望着她：你为什么不照你教导我的去做。

康黎打消了辞职的念头，并一再对自己说：我应该把悲痛藏在微笑下面，继续生活，因为事情已经是这样了，我没有能力改变它，但我有能力继续生活下去。

人生是一张单程车票，有去无返。在荷兰首都阿姆斯特丹一座15世纪的教堂废墟上留着一行字：事情是这样的，就不会那样。藏在痛苦泥潭里不能自拔，只会与快乐无缘。告别痛苦的手得由你自己来挥动，享受今天盛开玫瑰的捷径只有一条：坚决与过去分手。

"祸福相依"最能说明痛苦与快乐的辩证关系。贝多芬"用泪水播种欢乐"的人生体验，生动形象地道出了痛苦的正面作用。传奇人物艾柯卡的经历更清楚地阐明了快乐与痛苦的内在联系。

艾柯卡靠自己的奋斗终于当上了福特公司的总经理。1978年7月13日，有点得意忘形的艾柯卡被妒火中烧的大老板亨利·福特开除了，在福特公司工作已32年，当了8年总经理，一帆风顺的艾柯卡突然间失业了。艾柯卡痛不欲生，他开始喝酒，对自己失去了信心，认为自己要彻底崩溃了。

就在这时，艾柯卡接受了一个新挑战——应聘到濒临破产的克莱斯勒汽车公司出任总经理。凭着他的智慧、胆识和魅力，艾柯卡大刀阔斧地对克莱斯勒进行了整顿和改革，并向政府求援，舌战国会议员，取得了巨额贷款，决心重振企业雄风。在艾柯卡的领导下，克莱斯勒公司在最黑暗的日子里推出了K型车的计划，此计划的成功令克莱斯勒起死回生，成为仅次于通用汽车公司、福特汽车公司的第三大汽车公司。1983年7月13日，艾柯卡把生平仅有的面额高达8.13亿美元的支票交到银行代表手里，至此，克莱斯勒还清了所有债务，而恰恰是5年前的这一天，亨利·福特开除了他。事后，艾柯卡深有感触地说："奋斗向前，哪怕时运不济；永不绝望，哪怕天崩地裂。"

人生哲理

"痛苦像一把犁，它一面犁破了你的心，一面掘开了你生命的新起源。"（罗曼·罗兰语）古人讲"不知生，焉知死？"不知道苦痛，怎能体会到快乐？痛苦就像一枚青青的橄榄，品尝后才知其甘甜，这品尝需要勇气。其实，要让自己快乐非常简单，那就是少一分欲望，多一分自信，在身处绝境时，懂得苦中求乐，才是人生的真谛。

快乐来源于"简单生活"

在口头上，绝大多数人都希望自己的生活能够达到"简单并快乐着"的最佳状态，但是他们真能做到吗？毫无疑问，这是一个大大的问号。为什么呢？因为大家都会被实实在在的生活压得喘不过气来，甚至头晕眼花。

著名捷克作家米兰·昆德拉有一句名言："承受生命之重。"实际上绝大多数人不堪承受生命之重，因为他们被占有物质财富——好房、名车、高收入、高开销等的欲望折磨得疲惫不堪。其实，物质财富并不像很多人想象的那样重要。事实上，有许许多多的人是在令人难以察觉的绝望状态下生活的。这在工业化程度越高的西方国家，情况尤为严重。

一项统计显示，在美国社会中，一对夫妻一天当中只有12分钟时间进行交流和沟通；一周之内父母只有40分钟与子女相处；约有一半的人处于睡眠不足的状态。时间的危机实际上是感情的危机。大家好像每天都在为一些大事疯狂地忙碌，然后疲惫不堪，没有时间顾及其他。大家都在劳动，都在创造，但是，生活真的变好了吗？

美国心理学家戴维·迈尔斯和埃德·迪纳已经证明，物质财富是一种很差的衡量快乐的标准。人们并没有随着社会财富的增加而变得更加快乐。在大多数国家，收入和快乐的相关性是可以忽略不计的；只有在最贫穷的国家里，收入才是适宜的标准。

抛开这些抽象的理论不说，物质财富的进步有时确实使人们作茧自缚。举一个很简单的例子，电话、传真、电子邮件已经成为许多工作不可缺少的帮手，不过，如果一项工作每天都面对源源不绝的电子信息，就很可能产生“信息疲乏综合征”。许多企业界的经理人和信息业的工作者抱怨，每天必须接听的电话和处理电子邮件造成精神上莫大的压力，“信息疲乏并发症”甚至会造成长期失眠，严重影响健康。至于伴随文明发展而来的噪音、污染等问题则更是尽人皆知的。

在习惯的支配下，我们对这个嘈杂的世界、混乱的时空没有感到有什么不对劲，也许只有到临终的时候，才会悲哀地发现，自己的一生，原来是这么的不快乐。

那么快乐是什么？快乐来源于“简单生活”。物质财富只是外在的荣光，真正的快乐来自于发现真实独特的自我，保持心灵的宁静。

有人问：“简单生活”是否意味着苦行僧般的清苦生活，辞去待遇优厚的工作，靠微薄存款过活，并清心寡欲？美国著名心理学家皮鲁克斯说：“这是对‘简单生活’的误解。‘简单’意味着‘悠闲’，仅此而已。丰富的存款，如果你喜欢，那就不要失去，重要的是要做到收支平衡，不要让金钱给你带来焦虑。”

无论是中产阶级，还是收入微薄的退休工人，都可以生活得尽量悠闲、舒适，在过“简单生活”这一点上人人平等。

简单，是平息外部无休无止的喧嚣，回归内在自我的唯一途径。简单的好处在于：也许你没有海滨前华丽的别墅，而只是租了一套干净漂亮的公寓，这样你就能节省一大笔钱来做自己喜欢的事，比如旅行或者是买上早就梦想已久的摄影机。你也再用不着在上司面前唯唯诺诺，你自己就是自己的主人，提升并不是唯一能证明自己的方式，很多人从事半日制工作或者是自由职业，这样他们就有更多的时间由自己支配。而且如果你不是那么忙，能推去那些不必要的应酬，你将可以和家人、朋友交谈，分享一个美妙的晚上。我们总是把拥有物质的多少、外表形象的好坏看得过于重要，用金钱、精力和时间换取一种有目共睹的优越生活，却没有察觉自己的内心在一天天枯萎。

人生哲理

事实上，只有真实的自我才能让人真正地容光焕发，当你只为快乐的自己而活，而不在乎外在的虚荣，快乐幸福感才会润泽你干枯的心灵，就如同雨露滋润干涸的土地。我们需求的越少，得到的快乐越多。

让快乐成为一种习惯

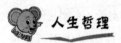

快乐是一种习惯。萧伯纳说：“我们对小的烦恼、挫折、牢骚、不满、懊悔、不安的反应，在很大程度上纯粹出于习惯。”根据“积行成习，积习成性”的原理，从行为入手培养快乐习惯、快乐性格，是比较有效的策略。当你不愉快的时候，要想变得愉快的主动方式就是愉快地坐起来，愉快地看看四周，使自己的言行好像已经愉快起来。只要你模仿快乐的表情，就可激发大脑皮层产生相应的脑电波。久而久之，就会形成条件反射，自己越来越自然地感到愉快。

一个人要想生活得简单，必须充分认识到快乐的巨大意义和巨大价值，有积极、正确地追求快乐的强烈意愿，培养强烈的快乐意识、快乐观念，把快乐性格作为日常生活的必修课。

史蒂文森说：“快乐的习惯使个人不受——至少在很大程度上不受——外在条件的支配。”快乐，主要取决于我们自身。只要养成了快乐的习惯，进而养成了快乐的性格，我们就能成为快乐的主人，每时每刻都快乐幸福地生活。

不论你是百万富豪或是穷光蛋，每天都应该有个基本的目标，就是衷心喜悦地享受生活。患得患失的百万富豪会对自己说：“有人会偷走我的钱，然后就没有人理睬我了。”意志坚强的穷光蛋却会对自己说：“债主在街上追我的时候，我正好可以运动一下。”

不要愚弄你自己：如果你真的想要得到生活的乐趣，你能够找到，但要有一个先决条件：你必须有这份福气消受。

查斯特·菲尔德爵士曾指出：“有许多无福消受生活乐趣的人，他们在功成名就之后，非但不能松弛，反而更趋紧张。在他们心目中，似乎老是受到追逐——疾病、诉讼、意外、赋税，甚至还包括了亲戚的纠缠。直到再度尝到失败滋味以前，他们无法松弛心神。对学习快乐的追求，而非痛苦；他们尊崇快乐的效力，因而产生自我的价值感。”

人生哲理

如果你想要快乐，你就快乐吧，不要“有条件”地快乐，而要把快乐当成自己的一种心理性格。

让心态“活”起来

除了圣人之外，没有一个人能随时感到100%的快乐。正如萧伯纳所讽刺的那样，如果我们觉得不幸，可能会永远不幸。但是，我们可以凭借动脑筋和下决心来利用大部分时间想一些愉快的事，应付日常生活中使我们不痛快的琐碎小事和环境，从而使我们得到快乐。

我们对小事的烦恼、挫折、牢骚、不满、懊悔、不安的反应，在很大程度上纯粹出于习惯。我们做这种反应已经“练习”了很长时间，也就成了一种习惯性反应。这种习惯性的不快反应大多起因于我们自以为有损于自尊心的某种事情。

一个司机无缘无故地向他人按喇叭，我们谈话时有人肆意插嘴，我们以为某人该来帮忙他却没有来，等等。甚至一些非个人的事情，也可能被认为是伤害我们的自尊心而引起我们的反应：我们要乘的公共汽车不得已而来迟了，我们要打高尔夫球时偏偏下雨了，我们急着上飞机时交通忽然阻塞了等。我们的反应是愤怒、沮丧、自怜，换句话说不高兴！

任何时候，不要让事情把你搞得团团转。不知你是否参加过一个电视节目，看到过节目主持人操纵观众的情况。主持人拿出“鼓掌”的标记，大家就都鼓掌；主持人又出示“笑”的标记，所有的人又都笑起来。他们的反应像绵羊一样，告诉他们怎样反应，他们就奴隶般顺从地做出反应。

你现在也是这种反应，因为你让外在事物和其他人来支配你的感觉和反应。你也像驯服的奴隶一样，等某件事或某种环境向你发出信号“生气”、“不痛快”或者“现在该不高兴了”，然后你就迅速地服从命令了。

你的意见可能使事情更不乐观。甚至在遇到悲惨的条件和极其不利的环境时，我们一般也能做到比较快乐，即使不能做到完全的快乐——只要我们不在不幸之中再加深我们自怜、懊悔的情绪和于事无补的想法。

人是个追求目标的生物，所以，只要他朝着某个积极的目标努力，他一定能自然正常地发挥作用。快乐就是自然正常地发挥作用的征兆。人只要发挥一个目标追求者的作用，不管环境如何，他都会感到十分快乐。爱迪生有一间价值几百万美元的实验室，因为没买保险而被火白白烧掉了。后来有人问他：“你该怎么办呢？”

爱迪生回答：“我们明天就开始重建。”他能保持着如此进取的态度，可以断言：他绝不会因为自己的损失而感到不幸。

心理学家霍林沃兹说过快乐需要有困难来衬托，同时需要有以克服困难的行动来面对困难的心理准备。

威廉·詹姆斯说："我们所谓的灾难很大程度上完全归结于人们对现象采取的态度，受害者的内在态度，只要从恐惧转为奋斗，坏事就往往会变成令人鼓舞的好事。在我们尝试过避免灾难而未成功时，如果我们同意面对灾难，乐观地忍受它，它的毒刺也往往会脱落，变成一株美丽的花。"

著名伦理学家爱默生说："心理健全的度是到处都能看到光明的秉性。"

快乐或随时保持人的思想愉悦的观念，能够在漫不经心的练习中巧妙地、系统地培养出来。首先，快乐不是在你身上发生的事，而是你自己所做的、取决于你自己的事。如果你等着快乐主动降临，或者碰巧发生，或者由别人带来，那你可能要等很长时间。除了你自己以外，谁也无法决定你的思想。如果你等着环境来"验证"你所进行的快乐思维，你就可能要等上一辈子了。

任何一天都有好与坏，没有哪一天、哪种环境是百分之百的"好"。这个世界上和我们的私人生活中，不断出现的各种因素和事实，它们不是体现出一种悲剧、抱怨的看法，就是一种乐观、快活的看法，这完全取决于我们的选择。在很大程度上，这是个选择、注意和决定的问题，而不是思想上的诚实不诚实的问题，好与坏同样真实。

人生哲理

怎样才能获得快乐呢？也许能让自己的心态"活"起来，是最好的良策。正如阿伯拉罕·林肯说："只要心里想快乐，绝大部分人都能如愿以偿。"

理想和现实常会有差异

从前，在某个山冈上，三棵小树苗站在上面，梦想长大后的光景。

第一棵树苗仰望天空，看着闪闪发光的繁星。"我要承载财宝，"它说，

"要被黄金遮盖，载满宝石。我要成为世上最美丽的藏宝箱!"

第二棵树苗低头看着流往大海的小溪。"我要成为坚固的船，"它说，"我要遨游四海，承载许多强大的国王；我将成为世上最坚固的船!"

第三棵树苗看着山谷上面，以及在市镇里忙碌来往的男女，"我要长得够高大，以至人们抬头看我时，也将仰视天空，想到神的伟大，我将成为世上最高的树!"

许多年过去了，经过日晒雨淋之后，树苗皆已长大。

一天，伐木者们来到山上。

第一位伐木者看到第一棵树说："这一棵树很美，最合我意。"于是利斧一挥，第一棵树倒下了。"我要成为一只美丽的藏宝箱，"第一棵树想，"我将承载财富。"

第二位伐木者看着第二棵树说："这一棵树很强壮，最合我意。"利斧一挥，第二棵树倒了下来。"现在我将遨游四海，"第二棵树想，"我将成为坚固的船，承载许多君王!"

当第三位伐木者朝第三棵树看时，它的心顿时下沉，它直立在那里，勇敢地指向天空。但第三位伐木者根本不往上看。"任何树我都合用。"他自言自语地说。利斧一挥，第三棵树倒下来。

当伐木者把第一棵树带到木匠房里，它很高兴，但木匠准备做的不是藏宝箱。他那粗糙的双手把第一棵树造成一个给动物喂食的料槽。

曾经美丽的树本可承载黄金或宝石，但如今它被铺上木屑，里面装着给牲畜吃的干草。

第二棵树在伐木者把它带到造船厂时发出微笑，但当天造成的不是一条坚固的大船。反之，那一度强壮的树被做成一般的简单的渔船。

这条船太小也太脆弱，甚至不适合在河流上航行，它被带到一个湖里。每天它承载的均是气味四溢的死鱼。

第三棵树被伐木者砍成一根根坚固的木材，并且放在木材堆置场内，它心里困惑不已。

"到底是怎么一回事?"曾经高大的树自问，"我的志愿是站在高山上，指向神。"

一天晚上，当金色的星光倾注在第一棵树上面，一位少妇把她的婴孩放在料槽里。

“我希望能为他造一张摇床。”她的丈夫低声说。

母亲微笑着捏了捏他的手，星光照耀在那光滑坚固的木头上面。“这马槽很美。”忽然，第一棵树知道它承载着世上最大的财宝。耶稣降生在这里。

一天晚上，一位疲倦的旅客和他的朋友走上那旧渔船。当第二棵树安静地在湖面航行时，那旅客睡着了。

许多昼夜过去，这三棵树都几乎忘记了它们的梦想。不久强烈的风暴开始侵袭。小船摇撼不已，它知道自己无力在风浪中承载许多人到达彼岸。

疲倦的旅人醒过来，站着向前伸手说：“安静下来。”风浪顿时止住如同起初一样。忽然，第二棵树明白过来，它正承载着天地的君王。他就是耶稣。

星期五早上，第三棵树惊讶地发现它竟被从遗忘的木材堆中拉出来。它被带到一群愤怒揶揄的人群面前，它感到畏缩。当他们把个男人钉在它上面时，它更是颤抖不已，它感到丑陋、严酷、残忍。但在星期天早晨，当太阳升起，大地在它之下欢喜震动时，第三棵树知道神的爱改变了一切。被钉在十字架上的这个人，就是基督徒们所敬仰的上帝之子——耶稣。

神的爱使第一棵树美丽。

神的爱使第二棵树坚强。

每次当人们想到第三棵树时，他们便想到神，这样比成为世上最高大的树更好。

人生哲理

在生活当中，理想和现实往往会有差异，不过如果能够用正确的态度对待这一切，你不难发现，其实你已经实现了你想做的，只是存在的形式不同罢了。

找到真正属于自己的生活

任何爱慕虚荣、幻想在别人的世界里幸福的人，往往会迷失了自己，永远也找不回真正属于自己的生活，那么，他将被生活的浪涛淘汰。

一条生活在大海里的鱼总感到自己的生活十分乏味，一心想离开大海，去别的地方生活。

一天，这条鱼被渔夫打捞了上来，它高兴得在网里摇头摆尾，“这回可好啦！总算逃出了苦海，可以自由呼吸。”它在心中这样想着并乐得蹦了起来。

这条鱼蹦得的确很高。当听到渔夫与他儿子讨论用什么方法将它烹饪的时候，它重重地摔了下来，严重到昏了过去。

但当它醒来时，它发现自己正待在一口破旧的装满水的水缸中，是它那身漂亮的斑纹救了它。渔夫决定将它养下，渔夫认为少吃条鱼实在无所谓，何况它是条那么美丽的鱼！

鱼在那只破水缸里欢畅地游来游去。尽管缸很小，相对于它以前生活的大海来说小得简直不值一提，但它仍不停下。于是，这条漂亮的鱼就在这口水缸中快乐地生活起来。

每天，渔夫都会往水缸里放些鱼虫，鱼很高兴，不停地晃动身子，展示着漂亮的服饰，以讨渔夫欢喜。这么做往往会使渔夫很快乐，又撒下一大把鱼虫，鱼大口地吃着，累了则可以停下，打个盹儿。

鱼儿开始庆幸自己的美妙命运，庆幸现在的生活，庆幸自己的一身花衣。想到当初在海中，每天不得不自己出去寻找食物，还得时时提防天敌的突然袭击。那些朋友可能已几天没吃过东西，也可能已成了他人的腹中之物。想到这儿，它就大口咽下一群鱼虫，自言自语道：这才是幸福的生活。在它眼中，这分明是一条漂亮鱼应得的待遇。

日子天一天地过去了，鱼儿一天一天的游。尽管它似乎有些厌倦，但它再也不愿回到大海了。“我是一条漂亮鱼。”它总这么对自己说。

渔夫要出海了，这次可是出远海，十天半月才能回家，留下儿子一个人在家。

第一天，鱼儿没按时吃到鱼虫。第二天，依然没有吃到，它开始抱怨渔夫的儿子这样怠慢一条漂亮鱼。第三天，它渐渐支持不住，饿得发慌。这时，它想到以前在海中，虽然十天找不到食物，但自己依然行动敏捷，现在身子发了福。而且游水的本领也大不如前了。第四天，鱼儿终于有吃的了，不是鱼虫，而是渔夫的儿子吃剩的残羹。顾不上嫌弃，鱼大嚼起来。它饿得实在不行了。渔夫的儿子总是隔三差五地送些残羹。为此，鱼儿抱怨不停。

终于，消息传来，渔夫出海遇难了。渔夫的儿子收拾东西准备搬走。什么都带上，只忘了那条漂亮鱼儿。鱼儿在缸里大喊："带上我，别丢下我！"但没人理它。

四周静悄悄，只剩下一口破水缸，一条漂亮鱼。

鱼很悲伤。想到昔日渔夫待它实在不薄，现在却遇难身亡，它十分悲伤。想到自己今后无人照料，只有困于水缸中等死。鱼开始抱怨，抱怨水缸太小，抱怨伙食太差，抱怨渔夫的儿子对它无礼，抱怨渔夫轻易出海，甚至抱怨它决意离开大海时伙伴们为何不阻止自己，抱怨它所认识的一切，只忘了抱怨自己。

它又开始幻想：一个富商路过此处，发现条漂亮鱼，于是把它小心地收好，养在自己家中的大水塘，每天都有可口的鱼虫……

太阳升起来了，四周静悄悄，只剩下一口破水缸，一条漂亮的死鱼。

人生哲理

生活就是这样，你可以在属于自己的空间里自由翱翔。任何爱慕虚荣、幻想在别人的世界里幸福的人，往往会迷失自己，永远也找不回真正属于自己的生活，只会被生活的浪涛淘汰。

切忌掉入贪婪的怪圈

有贪婪心的人总希望得到更多，他不知满足，结果命运让他失去一切，贪心只会愚弄自己。每个人都希望自己命运变好，乞丐不该陷入渴求更好之中，有心追逐非分之想的名利哪能是进取呢，贪婪的人一定会栽跟头的。

贪婪之心与进取之心虽有本质区别，但都表现为不满足于现状，都追求更多更好的东西。所以常有人把贪婪之心当成了进取之心，或拿进取心作贪婪的幌子，结果栽进贪婪的陷阱不能自拔。

据一个捉猴很有经验的猎人说，他捉猴有一个办法屡试不爽，就是在墙中夹个竹筒，在筒的一端放一个鸡蛋，猴子从竹筒中看见鸡蛋，便向竹筒里伸手去抓，手中握了个鸡蛋便不能从筒里提回来，但猴子舍不得放下鸡蛋，往往是束手就擒，这比贪吃的鱼还愚蠢啊，鱼发现吞钩了还想往外吐，猴却舍不得放弃手中足以害命的鸡蛋。

有一天，一只狐狸走到一个葡萄园外，看见里面水灵灵的葡萄垂涎欲滴。可是园子外面有栅栏挡住，无法进入。于是，狐狸一狠心绝食三日，减肥之后，终于钻进葡萄园内饱餐一顿。当它心满意足地想离开葡萄园时，却发觉自己吃得太饱，怎么也钻不出栅栏。无奈，只好再饿肚三天，才钻了出来。

狐狸的故事颇像人生过程，人生就是一个赤条条地来，又赤条条地走的过程，积极进取值得称道，过分贪婪只会加快“赤条条地离去”的过程。

早在 1925 年，美国科学家麦凯做了一个前无古人的老鼠实验，将一群刚断奶的幼鼠一分为二区别对待。

第一组享受“最惠国待遇”，予以充足的食物让其饱食终日。

第二组享受“歧视待遇”，只提供相当于第一组 60% 的食物以饿其体肤。

结果大大出人意料：第一组老鼠难逾千日，未到中年就英年早逝；第二组饿老鼠寿命翻番，享尽高年方才寿终正寝，而且皮毛光滑，皮肤绷紧，行动敏捷。更耐人寻味的是其免疫功能乃至性功能均比饱老鼠略高一筹。

后经科学家触类旁通，扩大范围验及细菌、苍蝇、鱼等生物，又发现了惊人相似的一幕幕。

科学家通过不断的努力，得出结论认为：动物终其一生所消耗的能量有一个固定的限额，限额一旦用完就意味着生命永久停止，吃得多，限额就完成得早；吃得少，魂归地府也就慢些。

有贪婪心的人总希望得到更多，他不知满足，结果命运让他失去一切，贪心只会愚弄自己。

一股细细的山泉，沿着窄窄的石缝，叮咚叮咚地往下流淌，也不知过了多少年，竟然在岩石上冲刷出一个鸡蛋大小的浅坑，里面填满了黄澄澄的金砂，天天不增多也不减少。

有一天，一位砍柴的老汉来喝水，偶然发现了清澈泉水中闪闪的金砂。惊喜之下，他小心翼翼地捧走了金砂。从此，老汉不再受苦受累，过个十天半月的，就来取一次金砂，不用说，日子很快富裕起来。

老汉虽守口如瓶，但他的儿子还是跟踪发现了爹的秘密，他埋怨爹不该将这事瞒着，不然早发大财了……

儿子向爹建议，拓宽石缝，扩大山泉，不就能冲来更多的金砂吗？爹想了想，自己真是聪明一世，糊涂一时，怎么没想到这点？

说干就干，父子俩叮叮当当，把窄窄的石缝凿宽了，山泉比原来大了几倍，又凿大凿深了坑。父子俩想到今后可得到更多的金砂，高兴得一口气喝光了一瓶老白干儿，醉成一团泥。此后，父子俩天天跑来看，却天天失望而归，金砂不但没增多，反而从此消失得无影无踪。

父子俩百思不得其解——金砂哪里去了呢？

富有“进取心”的父子俩聪明的结果只是竹篮打水一场空，其实真正的进取心是靠辛苦勤奋来换取更多的劳动果实，不通过自己的付出而有更高要求就是贪婪。进取心不会使人失去理智，而贪心却可使人像被猪油蒙了心，变得愚蠢失常。

富翁家的狗在散步时跑丢了，于是在电视台发了一则启示有狗丢失，归还者，付酬金1万元。

送狗者络绎不绝，但都不是富翁家的。富翁太太说，肯定是真正捡到狗的人嫌给的钱太少。于是，富翁就把酬金改为两万元。

一位乞丐在公园的躺椅上打盹时捡到了那只狗，他第二天一大早就抱着狗准备去领酬金，但却发现酬金已经变成了3万元。乞丐想了想后，又折回破窑洞，把狗重新拴在那。

在接下来的几天，乞丐一直在告示旁边，当酬金涨到使全城的市民都感到惊讶时，乞丐兴奋地返回他的窑洞去取狗。

可是那只狗已经死了，因为这只狗在富翁家吃的都是鲜牛奶和生牛肉，对乞丐从垃圾桶里捡来的东西根本受不了。

人生哲理

每个人都希望自己命运变好，乞丐不该陷入渴求更好之中，有心追逐非分之想的名利哪能是进取呢，贪婪的人一定会栽跟头的。

为别人照明，给自己开路

一个漆黑的夜晚，一个远行寻佛的苦行僧走到了一个荒僻的村落中，漆黑的街道上，络绎不绝的村民们在默默地你来我往。

苦行僧转过一条巷道，他看见有一团昏黄的灯从巷道的深处静静地亮过来。身旁的一位村民说："瞎子过来了。"

瞎子？苦行僧愣了，他问身旁的一位村民说："那挑着灯笼的真是一位盲人吗？"

他得到的答案是肯定的。

苦行僧百思不得其解。一个双目失明的盲人，他根本就没有白天和黑夜的概念，他看不到高山流水，也看不到柳绿桃红的世界万物，他甚至不知道灯光是什么样子的，他挑一盏灯笼岂不令人迷惘和可笑？

那灯笼渐渐近了，昏黄的灯光渐渐从深巷移游到了僧人的鞋上。百思不得其解的僧人问："敢问施主真的是一位盲者吗？"

那挑灯笼的盲人告诉他："是的，自从踏进这个世界，我就一直双眼混沌。"

僧人问："既然你什么也看不见，那你为何挑一盏灯笼呢？"

盲者说："现在是黑夜吗？我听说在黑夜里没有灯光的映照，那么满世界的人都和我一样是盲人，所以我就点燃了一盏灯笼。"

僧人若有所悟地说："原来您是为别人照明了？"

但那盲人却说："不，我是为自己！"

为你自己？僧人又愣了。

盲者缓缓向僧人说："你是否因为夜色漆黑而被其他行人碰撞过？"

僧人说："是的，就在刚才，还被两个人不留心碰了一下。"

盲人听了，深沉地说："但我就没有。虽说我是盲人，我什么也看不见，但我挑了这盏灯笼，既为别人照亮了路，也更让别人看到了我自己，这样，他们就不会因为看不见而碰撞我了。"

苦行僧听了，顿有所悟。他仰天长叹说："我天涯海角奔波着找佛，没有想到佛就在我的身边，原来佛性就像一盏灯，只要我点燃了它，就会照亮自己和周围人的心灵，让别人不会撞到自己。"

生活中，我们周围有很多东西是值得去关爱和感激的，我们关爱别人，别人关爱我们。学会关爱与感激，在平凡生活中体味温馨和幸福！

关爱是体现出对别人的关心理解和爱抚，感激在很多时候却是一种感恩的心情！生活中的我们不要对自己要求太多，更不要患得患失，不要斤斤计较，要学会理解、宽容别人，同时也更要学会感激别人，感谢你周围的亲人、老师、朋友等为你所做的一切，用一颗真诚期待的心去跟别人细心交流，享受那份坦诚与信任！

人生哲理

为别人点燃我们自己生命的灯吧，这样，在生命的夜色里，我们才能寻找到自己的平安和灿烂！

不以得为喜，勿以失为忧

我们很少想到自己现在所拥有的，却总是想到自己所没有的。比尔曾经是个患得患失的人，他很容易被不良情绪感染。直到有一天，他遇见了一个人，就是那个萍水相逢的人，彻彻底底地改变了比尔对生命意义的理解。

那个时候，比尔在纽约经营了一家杂货铺，由于经营不善，不仅花掉了他的所有积蓄，还让他负债累累。举步维艰的状况让比尔恨不得自杀。

一天，比尔在家商店门前发现了一则招聘广告，他兴奋不已，赶紧凑上前去看个究竟。不看还好，一看不免灰心丧气。因为广告中提出的要求，自己一条也不符合，看来自己和这个工作无缘了。

正在他惆怅不已的时候，他看到街道的尽头走来了一个人，严格地讲，这个人是“滑”着来的。他没有双腿也没有手，坐在一个装有滑轮的小木板上，完全靠光秃秃的双臂夹住一个支棍滑行的。他滑行到人行横道时，慢慢夹起小木板，试图穿过马路。

就在此时，他注意到了比尔的目光。这个残疾人没有像大多数残疾人一样，低下头继续“走路”。只见这个残疾人不卑不亢，坦然一笑，很自然地和比尔打着招呼：“早安，先生！今天的天气真不错！”

比尔被这个矮小的残疾人深深地震撼了。这位缺了双腿双手的人仍能如此快乐，自己作为一个四肢健全的人，还有什么好自怨自艾的呢？与他相比，自己有手有脚能行走，是多么富有啊！

故事中的残疾人，在艰难的行路中，还不忘与人打招呼，足见其礼貌；无手无脚，还敢和健全人对话，足见其勇气和自尊；木板托起的滑行生活中，仍能注意到好天气，足见其乐观。

是啊，与故事中的残疾人相比，我们这些健全人都应该是幸福而富有的。但是有多少人会由衷地体会到上苍赐给我们的幸福呢？正因为我们从来就没有真正失去过，所以我们都不曾真正体会自己现在所拥有的一切。

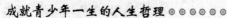

生活中有多少人，因为得到一点东西，就兴奋不已，又因为失去一点

东西就捶胸顿足。患得患失本身就是一种不健康的心理。这是只顾眼前，不顾将来发展的典型表现。

在我们的生活中，大约有90%的事情都是好的，但是也会有10%的事情是不好的。如果你想过得快乐，活得轻松，就应该把精力放在这90%的好事上面；如果你想担忧、操劳，或是得抑郁症，那么就把精力放在那10%的坏事情上面。

遭遇挫折和困境是人生的必经之路，回避挫折只是暂时的安慰，只有面对，才能使自己走向成熟。

有一个人，没有左手，但是在人群中，他仍然侃侃而谈，是众人的焦点。在工作中，他仍然争先恐后，是最出类拔萃的骨干。缺失的左手似乎没有改变他的正常而又快乐的生活。有人不相信他的平静，便向他发问："你难道从来没有意识到自己没有左手了吗？"

他回答再简单不过了："这有什么关系呢，我只有在纫针的时候，才会注意到这点。不过这件事情现在有我妻子代劳，我也就更不会在意这些了。"

不错，生活在压力无处不在之下的我们，真的没有必要把挫折人为地扩大化。既然挫折和困难不可避免，我们不如以一颗平常心去面对它，一如面对顺境和成功。不以得为喜，不以失为忧，是种非常好的心态。这种心态的优势在于让人可以专注于自己的事情。只有保持这种心态，我们才能冷静而理性地处理各种各样的问题。

人生哲理

生命中只有两个目标：其一是追求你所要的，其二是感受你所追求的。只有最聪明的人，才可以达到第二个目标，才能在得失的心态上找到真正的平衡点，才能没有挫败感。

你不需要在乎太多

曾经，有个人总是埋怨生活的压力太大，生活的担子太重，他试图放下担子。可是，他依然觉得很累，压得他透不过气来。他听人说山脚下有位哲人，于是，他便去请教哲人。

哲人听完了他的故事，给了他一个空篓子，说：“背起这个篓子，朝山顶去。可你每走一步，必须捡起一块石头放进篓子里。等你到了山顶的时候，你自然会知道解救你自己的方法。去吧！去找寻你的答案吧！……”

于是，年轻人开始了他寻找答案的旅程，背着一个空篓子，每走一步都从这世界上拾一样东西放进去。

刚上道时，年轻人精力充沛，一路上蹦蹦跳跳，把自己认为最好的、最美的，都一个一个扔进篓子里。每扔进一个，便觉得自己拥有了一件世上最美丽的东西，很充实，很快乐。于是，在欢笑嬉戏中他走完了旅程的1/3。

可是，空篓子里的东西多了起来，也渐渐重了起来。他开始感到，担子在他的肩上压深了，而且越来越深，越来越深……但他依然很执著，并鼓励着自己：不远了，已经不远了！

这第二个1/3的旅程确实是让他吃尽了苦头，他已经无暇顾及所遇到的那些世界最美丽、最惹人怜爱的东西了。

为了不让沉重的篓子变得更重，他毅然放弃了一些，只是挑选了些非常轻的、非常需要的，或是必不可少的东西放进篓子。他深知，这样的放弃，是必要的。想走完全程，想达到目的地，总是眷恋身边迷人的事物，不顾轻重而只想得到，那么，人的一生也不过就是这样蹉跎岁月罢了。于是，他拖着沉重的步伐继续前行。

然而，无论你挑多轻的东西放入篓子，篓子的重量也丝毫不会减少，它只会加重，再加重，直到你无力承受，它还是会加重。

但是，他终于还是背起篓子，踏上了这最后1/3的路程。

他明白，此时的路，真的已经不远了。他挪着脚步，已经不在乎捡到的是什么，放进篓子的又是什么。他早已麻木于眼前的一切事物，不管是美丽的、喜欢的、需要的，或是轻巧的。他已实在是无力去挑选它们了，只要是在脚下的，在眼前的，在触手可及的地方，那么，他便捡起它，以作为最后一段旅程的验证品。

眼看着，离目标越来越近，他双手向后托起篓子，来了个最后冲刺。终于，他碰到了哲人的手，他走完了全程，结束了这一场奋斗史！

哲人问："现在，你知道答案了吗？"

他莞尔一笑，摇了摇头："我不知道答案，但现在，我也不需要知道了。"

"噢？"

"是啊！我把这次的旅程分成了三段。这就好比我人生中的三个阶段：青年时期、中年时期和老年时期。在青年，我挑选了我认为是最美好、最纯真的事物，就像我天真烂漫的童年一样，没有压力，没有负担，只是单纯地认为它美丽，便捡起它；在中年，我挑选了我认为是最实在、最需要的事物，正如成年人一样，有自己的责任，有自己的负担，时刻要为一家上下打点一切，时刻都要保持着理性的头脑；在老年，我挑选了我认为是可以轻易得到，却又往往被人忽视的事物，或许老人们历经沧桑之后，已经懂得，原来他们最重要的事物，是眼前不被人重视的事物。

"回顾一生，我才发现，我的生活充满了酸甜苦辣，我的生活跌宕起伏，而我的生活，也不再是一片空白，不再是毫无意义！

"随着年龄的增长，我必须要肩负起生活的责任。也许，我会感到生活的压力，也许，这一份份的压力会越来越重，但在每一份重量增加的同时，我会得到惊喜，得到安慰，抑或是悲伤，抑或是痛苦。

"可人生，谁不是忽喜忽悲，苦乐参半呢？没有起起伏伏的人生，这样去活着有什么意义呢？我的生活，不是平坦的，但在到达终点的那一刻，在回顾这三段旅程的那一刻，我比谁都自信，比谁都骄傲。因为，我有充实的生活，我活得精彩！所以现在，我又何必为怎样减轻这沉重而苦恼呢？"

哲人会心一笑。

人生哲理

人生路上，我们不需要在乎太多，用心去感受生活，忽略那些沉重的包袱，这样才会活得精彩！

先改变你的心态

两个人从牢中的铁窗朝外看，一个看到的是泥土，另一个却看到了星星；生活在同样一个世界上，有的人过得幸福、快乐、富有，有的人却一直生活在苦恼和贫困之中。

这是为什么呢？

其实，人与人之间原本没多大区别，只是由于各自心态的不同而造成截然不同的人生结局。

曾经，有两个乡下年轻人外出打工。一个想去上海，一个要去北京。在候车厅等车时，听到邻座的人议论说："上海人精明，外地人问路都收费；北京人质朴，见了吃不上饭的人，不仅给馒头，还送旧衣服。"

想去上海的人听说北京人好，一想，挣不到钱也饿不死，庆幸车没到，不然一到上海真掉进了火坑。

去北京的人想，上海好，给人带路都能挣钱，我幸亏还没上车，不然真失去了一次致富的机会。

于是，他们在退票处相遇了，互换了车票。

去北京的人发现，北京果然好。他初到北京的一个月，什么都没干，竟然没有饿着。银行大厅里的纯净水可以白喝，大商场里试吃用的点心也可以白吃，他整天偷着乐。

去上海的人发现，上海果然是一个可以发财的城市，干什么都可以赚钱。带路可以赚钱，管理厕所可以赚钱，弄盆凉水让人洗脸也可以赚钱。只要想点办法，再花点力气就可以赚钱。

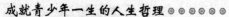

凭着乡下人对泥土的感情和认识，第二天，他在建筑工地装了10包含有沙子和树叶的土，以“花盆土”的名义，向不见泥土而又爱花的上海人兜售。

当天他在城郊间往返5次，净赚了40元钱。一年后，凭着“花盆土”他竟然在大上海拥有了一个小小的门面。

后来，他在常年的走街串巷时，发现一些商店楼面亮丽而招牌较黑，一打听才知道是清洗公司只负责洗楼而不洗招牌。他立即办起一个小型清洗公司，专门负责擦洗招牌。慢慢地他的员工发展到几百人，业务也由上海发展到杭州和南京。

数年后，他坐火车到北京考察清洗市场。在北京车站，一个捡破烂的人把头伸进软卧车厢，向他要一只空啤酒瓶。就在递酒瓶时，两人都愣住了，因为数年前，他们曾换过一次车票。

这个故事告诉我们：心态是一柄双刃剑，积极的心态成就人生，消极的心态则毁灭人生。如果我们要想改变自己的世界，首先就应该改变自己的心态。心态是正确的，我们的世界也会是正确的。

遗憾的是，很多人并没有意识到积极心态的重要性。他们把自己过得不如意的原因归咎于上天对自己的不公平，未能给自己提供一个良好的环境，从而导致自己一直碌碌无为。那么，人生的结局真的是由于外界环境所造成的吗？

当然不是。正如世界著名潜能学大师安东尼·罗宾所说：“影响我们人生的绝不是环境，也不是遭遇，而是我们持什么样的心态。”

一个人能否成功，就看他的心态了。成功人士与失败者之间的差别是：成功人士始终用最积极的心态支配和控制自己的人生；失败者则刚好相反，他们总是喜欢用消极的心态去看待和思考问题。

成功学家拿破仑·希尔说：“播下一种心态，收获一种思想；播下一种思想，收获一种行为；播下一种行为，收获一种习惯；播下一种习惯，收获一种性格；播下一种性格，收获一种命运。”

人生哲理

由此可见，心态的改变，就是命运的改变。

永远让自己笑靥如花

生活中，总会遇到困难，有时甚至还要面对挫折或是死亡的威胁，但是一个人只要具备了淡然如云、微笑如花的人生态度，任何困境和不幸都能被锤炼成通向平安的阶梯。

有一个年近五十的妇女，她的头发已经开始花白，她每天都会在一个小书摊位前卖一些旧书。虽然她看上去满脸疲倦，但面容上却始终挂着温暖而平和的微笑。她原本有着一个清贫而又温暖的家，不幸的是，她的丈夫遭遇了车祸，躺在床上需要别人照顾，孩子还要上学。原本就清贫的生活一下子跌入贫困的深渊。

为了支付丈夫的医疗费，她几乎变卖了家中所有值钱的东西，本来不大的小屋现在却显得冷冷清清，虽然生活更加惨淡，但是她仍然每天微笑着面对丈夫。她的丈夫虽然受了伤，但脸上的微笑和她的微笑一样温暖而平和，外人根本看不到那种重伤在身、贫困交加的人所表现出来的厌世、焦躁、淡漠与敌视的神情。那张脸虽清瘦苍白，但洋溢出来的微笑却如花般灿烂、美丽。这又给自己的丈夫多么大的鼓励啊！

那时，她的一个女儿正在读高中，正是花钱的时候。面对人生的不幸，她没有低头，而是想尽一切办法来增加家中的收入。后来她又弄点儿旧书来卖，成本不高，周期短，能赚多少算多少，只求能把这个家支撑下去。有时她也会对别人讲自己生活中一些颇使人心忧的事，不过在她讲述那些常人也许无法承受的不幸时，她的脸上仍带着淡淡的笑容。

有微笑的地方就有希望，有微笑的地方就有力量。如果你在遇到挫折或不幸时，请你也像他们那样微笑如花。这家人的生活很不幸，却能示人以如花的微笑，使人无时无刻不在感受着那种蕴含在微笑后面坚实的、无可比拟的力量——那是一种高格调的真诚与豁达，一种直面人生的成熟与智慧，这才是支撑起希望的基石。

在日本东京的一家百货商店里，一个满脸严肃的中年男子和一个四岁左右的小男孩在转悠，从他们已经褪色的衣着上看，他们是比较穷苦的阶层。他们在转圈子，当他们走到一架快照摄影机旁边时，孩子拉住了父亲的手说："爸爸，请给我照一张相吧。"爸爸弯下腰，在孩子的额头上亲了一下，把孩子额前头发拢在一块儿，很认真地说："不要照了，你的衣服太旧了。"孩子沉默了片刻，抬起头来说："可是，爸爸，我仍会面带微笑的。"父亲紧紧地抱住了儿子。

中年男子下定决心要改变他的态度，他决心展现开朗的、快乐的微笑。于是，在第二天早上洗脸时，他对着镜子中满面愁容的自己下令说："你得微笑，把脸上的愁容一扫而光，现在立刻开始微笑。"

自此，这位父亲改变了整天板着的面孔，总是面带着微笑。结果，微笑改变了他的生活，他的家所得到的幸福比以往每年还要多。

如花的微笑，能使自己得到幸福，也能感动别人。

一个寒冷的冬天，在美国纽约一条繁华的大街上，有一个双目失明的乞丐，他的脖子上挂着一块牌子，上面写着："自幼失明。"有一天，一个诗人走近他身旁，他便向诗人乞讨。诗人说："我也很穷，不过我可以给你点儿别的。"说完，他便随手在乞丐的牌子上写了一句话。

那一天，乞丐得到很多人的同情和施舍。后来，他又碰到那个诗人，就很奇怪地问："你给我写了什么呢？"那诗人笑一笑，念了牌子上他所写的句子："春天就要来了，我在内心里微笑着迎接它。"

不同的表达方式，换来完全不同的结果，诗人的妙处在于他激发了人们强烈的感情。

人生哲理

悲观者比乐观者经历更多的失望，这是不足为奇的。当然，一般地，悲观者自找失败，而乐观的人是聪明的，他们总是微笑着面对人生，相信凡事都会有好起来的时候。

对消极的思想说不

在过去以帆船航行的年代，英国和美国的船长常常面临着一个奇怪的问题：从英国向西航行到波士顿，比从波士顿向东航行到英国要多花两星期的时间，这两星期要损失不少时间和金钱。人们因此去请教一位老船长。

老船长说：“你们不知道情况，所以才多花两个星期。大西洋深处中有看不到的湾流。向西航行时，船是逆流而行，每小时要损失三英里的速度，所以很慢。不要和湾流去挣，避开湾流，自由航行在海上就行了。”

在人生的旅途中，其实也存在着“湾流”，那就是人的思想。当消极思想统治你的时候，就好比是逆流而行，会阻碍你前进的步伐；当积极的思想主导你的时候，就好像是顺流而行，使你前进更加迅速。

如果你想成功就不要为消极思想所累，如果你想与众不同就要有积极的思维。

清朝的曾国藩曾多次率领湘军同太平军打仗，可总是打一仗败一仗，特别是在鄱阳湖口一役中，连自己的老命也险些送掉。他不得不上疏皇上表示自责之意。在上疏书里，其中有一句是“臣屡战屡败，请求处罚”。有个幕僚建议他把“屡战屡败”改为“屡败屡战”。这一改，果然成效显著，皇上不仅没有责备他屡打败仗，反而还表扬了他。屡战屡败强调每次战斗都失败，成了常败将军；屡败屡战却强调自己对皇上的忠心和作战的勇气，虽败犹荣。

“不管做什么事，都要从积极的方面来思考。”罗素说，“成功其实也没有什么秘诀，不过是凡事都要积极对待而已。”成功人士做事不会以完成任务为目的，他们不管做什么事情，都会全力以赴，永远追求第一。

一位出差的公司职员搭乘了一辆出租车前去联系一项业务，上了车，他发现这辆车外观光鲜清洁，司机服装整洁，车内的布置亦十分典雅。车子一发动，司机很热心地问车内的温度是否适合，又问他要不要听音乐或是收音机。车上还有早报及最新一期杂志，前面是一个小冰箱，如果有需要，冰箱中的果汁及可乐可以自行取用，如果想喝热饮，保温瓶内有热咖啡。这些特殊的服务让这位上班族很意外，他不禁望了一下这位司机，司机愉悦的表情就像车窗外和煦的阳光。不一会儿，司机对乘客说："前面的路段可能会塞车，这个时候高速公路反而不会塞车，我们走高速公路好吗？"

在乘客同意后，这位司机又体贴地说："我是一个无所不聊的人，如果您想聊天，除了政治及宗教外，我什么都可以聊。如果您想休息或看风景，那我就会静静地开车，不打扰您了。"从一上车起，这位常搭乘出租车的职员就充满了好奇，他不禁问这位司机："你是从什么时候开始这种服务方式的？"这位专业的司机说："从我觉醒的那一刻开始。"司机接着讲了他那段觉醒的过程：他以前也经常抱怨工作辛苦、人生没有意义。但在不经意间，他听到广播节目里正在谈一些人生的态度，大意是你相信什么，就会得到什么。如果你觉得日子不顺心，那么所有发生的事都会让你觉得倒霉；相反，如果你觉得今天是幸运的一天，那么你所碰到的每一个人都可能是你的贵人。就从那一刻起，他开始了一种全新的生活方式。

目的地到了，司机下了车，绕到后面帮乘客开车门，并递上名片，说："希望下次有机会再为您服务。"

从此以后，这位出租车司机的生意再没有受到经济不景气的影响，他很少会空车在这座城市里兜转，他的客人总是会事先预定好他的车。他的改变，不只是创造了更好的收入，而且更从工作中得到了自尊。正是他这种积极的工作态度创造了最大的价值。

人生哲理

不要让消极的思想来统治自己，不要总是看到消极的一面。消极的心态会在愚昧无知的基础上不断地生长，直到侵占你的思想，腐蚀了你的灵魂。

一种支配人生的力量——习惯

习惯是一种特殊的力量，具有很强的约束力，往往在不知不觉中影响我们的成长，左右我们的成败。青少年朋友要想在未来的社会竞争中赢取主动，获得成功，就要从培养自己的好习惯入手。因为良好的习惯才是步向成功的钥匙。

做事独立自主

人活在这个世上，不能没有独立，而这一切又都只能靠你自己，因为你自身就是你自己的生存环境之一，你才是自己的主人。

鲁迅先生的故事不知被多少人传诵：鲁迅在别的孩子疯玩的年龄，由于家道的败落和父亲的病情，便过早地承担起了家庭的重担，他不仅要学习，还要每天往返于药店与当铺之间，去为生活而奔波。可即便如此，他还是没有像别的孩子一样偷偷跑去玩，而是自强不息地奋斗。一次，由于上学迟到，老师对他加以批评，鲁迅从此在自己的书桌上刻上了一个“早”字，这不仅仅是对自己的提醒，更是一个人人生观的体现：自立、自强。

独立的境界是美妙的，独立的习惯却是需要我们自己去学习和培养。独立地面对社会、面对自然、面对你自己、面对生活。

在小时候培养独立能力，这样的锻炼机会是很有必要的，也许正因为有这样的理论做基础。在美国许多好的学校都有表演课，社区中也设立各类表演课程，供学生课余参加。有很多父母送儿女去美国一家夏令营，这只是一家很普通的夏令营，但它的活动内容十分有趣，其中一项令许多小孩感兴趣的就是表演课。通过一些简单的表演技巧，训练孩子对自我表现的兴趣和信心，表演者在不严格的舞台规范中尽情抒发自己的感受，在人物中加入想象和创造，既有娱乐，又为孩子们创造了课堂上所不能获得的学习机会。

一个人在工作和生活中能够坚持自己的信仰，排斥邪恶，保持自我真性情，玉洁冰清，不沾世俗小气的独立，更值得我们学习。做人要独立，只有如此，才能思想自由，不断探索，才能解放思想，善于怀疑，富有创造性，且能埋头钻研，上下求索，以追求真理为宗旨，才能发展与进步，才能在将来成就一番事业。

养成独立生活的习惯，这种习惯会在成功的路上助你一臂之力。学会独立生活，拥有了独立的品格，你就拥有了成功者必备的一个条件。

一群蛤蟆在进行比赛，看谁最先到达一座高塔的顶端。周围有一大群围观的蛤蟆在看热闹。

比赛开始了，围观者都不信它们中有谁能到达那座塔的顶端，只听到一片嘘声："太难为它们了！这些蛤蟆根本无法达到目的。"蛤蟆们开始泄气了，可是仍有一只蛤蟆在摸索着奋力向上爬去。

围观的蛤蟆继续喊着："太艰苦了！你们不可能到达塔顶的！"其他的蛤蟆都被说服停了下来，只有那只蛤蟆一如既往继续向前爬，并且更加努力地向前爬。

比赛结束，其他蛤蟆都半途而废，只有那只蛤蟆以令人不解的毅力一直坚持了下来，竭尽全力达到了终点。

其他的蛤蟆都很好奇，想知道为什么它就能够做到不管不顾地一直向前爬，为什么能坚持到达终点，就围上去询问它。这时，大家才发现——它是一只聋蛤蟆！

你是要成功还是要听别人的话？如果有人说你无法实现你的梦想时，你最好做一个"聋子"。自己决定自己的命运。

这是很多人最容易养成的一种可怕习惯——遇到任何事情，虽然早已经制定过详细的计划，做过周密的考虑，但仍然畏首畏尾、犹豫不决，不敢立刻动手去做，拿到各处去征求意见，直到最后各种说法越积越多，毫无头绪，不知怎样做才好。最后，精力渐渐分散，导致完全失败。

谢军是享誉世界的国际象棋大师，获得过多项世界冠军。她的成就令多少人羡慕，然而你知道吗？她之所以有今天，与父母给她独立自主的机会有着密不可分的联系。1982 年，谢军 12 岁，小学快毕业时，是升重点中学还是学棋，两条路任她选择。谢军和她的一家人，似乎都处在十字路口上，需要决定前进的方向。谢军在小学六年中，7 个学期被评为三好生。学校当然要保送她上重点中学。这样品学兼优的孩子谁见谁要。国际象棋的黑白格同样牵引着谢军和她的一家人，真是举棋不定。是走妈妈的路，将来进高等学府，还是当运动员呢？谁也拿不定主意。还是妈妈做主，她叫来了女儿，用商量的语气说："谢军，抬起头来，看着妈妈的眼睛。你很喜欢下棋，是不是？"这是母亲对女儿选择道路的提问，从某种意义上讲，也是对女儿将来命运的提问。家庭是民主的，对孩子采取了审慎的商量的办法，充分尊重女儿的意见和选择。谢军目光坚毅、严肃地看着妈妈的眼睛，坚定地说出 7 个字："我还是喜欢学棋。"母亲得到女儿的回音后，她同意谢军的选择，同时又极其严肃地对女儿说："好，记住，下棋这条路是你自己选择的。既然你做出了这个重要的选择，今后你就应该负起一个棋手应有的责任。"一个 12 岁的女孩能懂得和理解这段话吗？也许思维发达和超前的谢军听懂了妈妈的话，了解了父母的良苦用心。

人生哲理

应该承认，母亲和女儿的这段对话，谢军会受益一辈子的。假如当初没有这段话，或者是父母包办决定女儿的前程，都不会有今天的谢军，中国也没有今天的国际象棋"女皇"。

遇事自我克制

生活中，人们会碰到许多诱惑，它们总是展示迷人的一面，引诱我们渐渐远离自己的理想与目标。每个人都会面对种种诱惑，学生做作业时，会受到游戏的诱惑；小孩子即使生了蛀牙，也会受到糖果的诱惑。面对诱惑，自制力弱的人往往不知不觉陷入其中，自制力强的人却能控制自己做出有利于自己和符合道德规范的行动。

自制就是要控制住自己的各种欲望。欲速则不达，故必须控制自己，否则，力竭精衰，事不能成，耗费枉然。

古语说得好："历览前贤国与家，成由勤俭败由奢。"对人也是这样，要取得成功，务必要戒奢克俭。

自制不仅仅是在物质上克制欲望，对于一个想要取得成功的人来说，精神上的自制也是重要的。衣食住行毕竟是身外之物，不少人都能克制，但精神上的、意志力上的自制却非人人都能做到。

如果想锻炼这种能力，就应该从身边的小事做起，练就这种本领。

一个成功的人，其自制力表现在：大家都做但情理上不能做的事，他自制而不去做；大家都不做但情理上应做的事，他强制自己去做，正如"众人皆醉我独醒"一般。做与不做，克制与强制，超乎常人性情之外，就是取得成功的因素。

有一次，小江和办公大楼的管理员发生了一场误会，这场误会导致了他们两人之间的彼此憎恨，甚至演变成激烈的敌对态势。那位管理员为了表示他对小江的不悦，在一次整栋大楼只剩小江一个人时，他把整栋大楼的电灯全部关掉了。连续发生了几次同样的事情后，小江终于忍不住要还击了。

周末下午，机会来了。小江刚在桌前坐下，电灯灭了。小江跳了起来，奔到楼下锅炉房。管理员正若无其事地边吹口哨边往炉添煤。小江一见到他就不由得破口大骂，直到把所有能想到的骂人的话全骂完了这才停下来。这时候，管理员站直身体，转过头来，脸上露出开朗的微笑，他以一种充满镇静与自制力的柔和的声调说道："呀，你今天晚上有点儿激动吧？"

你完全可以想象小江是一种什么感觉，面前的这个人是一位文盲，有这样那样缺点，况且这场战斗的场合以及武器都是小江挑选的。小江非常沮丧，甚至恨那个管理员，而且恨得咬牙切齿，但是没用。回到办公室后，他好好反省了一下，他感觉没有什么其他的办法了，他只能道歉。

小江又回到锅炉房。轮到那位管理员吃惊了："你有什么事?"

小江说："我来向你道歉，不管怎么说，我不该开口骂你。"

这话显然起了作用，那位管理员不好意思起来："不用向我道歉，刚才并没人听见你讲的话，况且我这么做只是泄泄私愤，对你这个人我并无恶感。"

这样一来，两人竟互生敬意，一连站着聊了一个多小时。

从那以后，两人居然成了好朋友。小江也从此下定决心，以后不管发生什么事，绝不再失去自制。因为一旦失去自制，另一个人——不管是一名目不识丁的管理员还是一名有教养的人——都能轻易将他打败。

从这里可以看出，人要想能控制住别人，首先要学会控制住自己，只有驾驭了自己，才能去征服世界。

一天中午，小华到隔壁好朋友小芳家玩。她们不知怎么就谈到了钥匙链。小芳说她家有个钥匙链，可漂亮啦，是她爸爸从日本带回来的。那个钥匙链是个小公鸡形状，一身红，还是个立体的，只要一按它脚上的按钮，小公鸡的嘴就会自动张开，喔喔地叫两声。

小华非常羡慕小芳有这么好的钥匙链，她很想看看小芳说的小公鸡钥匙链到底是什么样子，可小芳从不许任何人动她的抽屉。碰巧小芳的妈妈要小芳上街买酱油。等小芳下楼后，好奇心使小华打开了抽屉，拿出了钥匙链。哇，好漂亮的钥匙链！小华想："自己要是有一个那该多好啊！"这样想着，就把钥匙链放进了自己的兜里。

小华之所以拿走了小芳的钥匙链，是由于她抵制不住诱惑而做了错事，这说明她的自制力很差。因此，从小培养自制力是很重要的。

人生哲理

自制不仅仅是一种良好的习惯，同时也是获得成功所必备的素质之一。

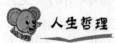

做事勤奋努力

在美国，家庭教育是以培养青少年富有开拓精神，能够成为一个自食其力的人为出发点的。父母从青少年小时候就让他们认识劳动的价值，让青少年自己动手修理、装配脚踏车，到外边参加劳动。即使是富家子弟，也要自谋生路。美国的中学生有句口号：“要花钱，自己挣!”

在瑞士，父母从小就着力培养孩子自食其力的精神。譬如，十六七岁的姑娘，从初中一毕业就去一家有教养的人家当一年左右的女佣人，上午劳动，下午上学。这样做，一方面可以锻炼劳动能力，寻求独立谋生之道；另一方面还有利于学习语言。因为瑞士有讲德语的地区，也有讲法语的地区，所以一个语言地区的姑娘通常到另外一个语言地区的人家当佣人。其中也有相当多的人还要到英国学习英语，办法同样是边当佣人边学习语言。掌握了三门语言后，就去办事处、银行或商店就职。长期依靠父母过寄生生活的人，被认为是没有出息或可耻的。

辛迪·克劳馥是美国名模，从小就热爱大自然。读小学时，她课余时间喜欢做的一件事是收集一种棕色蛾的茧。到了春天，克劳馥惊喜地看着小蛾从茧里面挣扎着出来，这些降临的小生命是那样的美丽动人。

有一次，小姑娘不忍心看着一只小蛾从茧里出来时那种因备受折磨而痛苦不堪的样子，用剪刀把连着它和茧的丝剪断了。她想自己的热心帮助使受到束缚的小蛾得到解脱，当然是助了它一臂之力。不料，小蛾没有过多久就死去了。

克劳馥心痛得大哭起来，根本没有意识到结果会是如此可怕。

母亲匆匆忙忙地走了过来。在弄清了事情的原委后，她轻轻地拍着女儿的肩膀说：“亲爱的，小蛾从茧里面出来时必定是要拼搏奋斗，不可能舒舒服服。因为只有这样，它才能使身体里面的废物排除干净。如果让其留在体内，小蛾就会变得先天不足而活不成。”

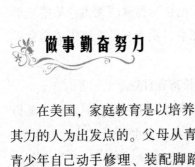

克劳馥睁着大眼睛，认真地听着。后来随着阅历的增加，她慢慢地体

会到，人也像小蛾一样，离开了努力奋斗，也会变得软弱无力，某些宝贵的东西便会消失得一干二净。克劳馥不敢懈怠，勤学苦练，终于成为世界大名模。

从小养成自强不息的精神，对以后的成长是有百益而无一害的。

乔很爱音乐，尤其是喜欢小提琴，在国内学习了一段时间之后，觉得国内的知识自己已经学习得差不多了，再学习下去也不会有什么进步了。于是他把视线转到了国外，但是国外没一个认识的人，他到了那里要怎么生存呀？这些他当然也想过，但是为了自己的音乐之梦，他勇敢地踏出了国门。威尼斯是他的目的地，因为那里是音乐的故乡。这次出国的费用是家里辛辛苦苦地凑出来的，但是家里的情况他也知道，没有什么钱了，学费与生活费是如何也拿不出来了，所以他虽然来到了音乐之都，却只能站在大学的门外，因为他没有钱。他必须先到街头上拉琴卖艺来赚够自己的学费与生活费。

很幸运，乔在一家大型的商场附近找到一位为人不错的琴手，他们一起在那里拉琴。由于地理位置比较优越，他们挣到了很多钱。

但是这些钱并没有让齐忘记自己的梦想。过了一段时日，乔赚够了自己的必要的生活费与学费，就和那个琴手道别了，他要学习，要进入大学进修，要在音乐学府里拜师学艺，要和琴技高超的同学们互相切磋，将来要登上国家音乐厅在那里献艺。齐将全部时间和精神都投注在提升音乐素养和琴艺之中……

十年后，乔有一次路过那家大型的商场，巧得很，他的老朋友——那个当初和他一起拉琴的家伙仍在那儿拉琴，而他的表情一如往昔，脸上露着得意、满足与陶醉。

那个人也发现了乔，很高兴地停下拉琴的手，热情地说道：“兄弟啊！好久没见啦！你现在在哪里拉琴？”

乔说出了一个很有名的音乐厅的名字，那个琴手疑惑地问道：“那里也让流浪艺人拉琴吗？”

齐没有说什么，只淡淡地笑着点了点头。

其实，十年后的乔，早已不是当年那个当街献艺的乔了，他已经是一位世界知名的音乐家，他经常应邀在著名的音乐厅中登台献艺，早就实现了自己的梦想。

人生哲理

人只有经过努力奋斗，才能使自己变得坚强，面对挫折与磨难，告诉你的青少年要勇往直前。

与同学团结互助

合作是一种比知识更重要的能力，是一种体现个人品质与风采的素质，是一个人能够获得成功的重要保证。能够处理好与他人的协作关系，善于搜集群体智慧是跨世纪优秀人才必须具备的基本素养。因此，合作精神必须培养。

怎样养成团结互助的习惯呢？

1. 养成善于与人合作的良好习惯。合作的基础是思想一致、互相信任。集体活动对营造儿童心理相容的环境和良好的人际关系十分重要。任何一个能够团结协作的集体活动，都要积极参与，多与自己的同龄朋友往来，在群体活动中和与人的交往中得到锻炼，养成善于与人合作的良好意识与习惯。

2. 应树立起“良好的人际关系是一个人工作和谐、生活幸福、事业成功的先决条件”的理念，养成交往的热情。懂得尊重他人，懂得团结同学，懂得用爱心和同情心去理解和对待周围的人和事。要善于发现别人身上的优点，当别人需要帮助的时候，助人一臂之力。

3. 只有每个合作者都具备合作的基本知识和技能，才有能力参与其事。所以，必须学好专业知识和技能，掌握好本国语言和外语，尤其要学会运用计算机，以科学知识充实自己。

星期六上午，一个小男孩在他的玩具沙箱里玩耍。沙箱里有他的一些玩具小汽车、敞篷货车、塑料水桶和一把亮闪闪的塑料铲子。在松软的沙堆上修筑公路和隧道时，他在沙箱的中部发现一块巨大的岩石。

小家伙开始挖掘岩石周围的沙子，企图把它从泥沙中弄出去。他是个很小的小男孩，而对他来说岩石却相当巨大。手脚并用，似乎没有费太大的力气，岩石便被他连推带滚地弄到了沙箱的边缘。不过，这时他才发现，他无法把岩石向上滚动、翻过沙箱边框。

小男孩下定决心，手推、肩挤、左摇右晃，一次又一次地向岩石发起冲击，可是，每当他刚刚觉得取得了一些进展的时候，岩石便滑脱了，重新掉进沙箱。

小男孩只得拼出吃奶的力气猛推猛挤。但是，他得到的唯一回报便是岩石再次滚落回来，砸伤了他的手指。最后，他伤心地哭了起来。这整个过程，男孩的父亲在起居室的窗户里看得一清二楚。当泪珠滚过孩子的脸庞时，父亲来到了跟前。

父亲的话温和而坚定："儿子，你为什么不用上所有的力量呢?"

垂头丧气的小男孩抽泣道："但是我已经用尽全力了，爸爸，我已经尽力了！我用尽了我所有的力量!"

"不对，儿子，"父亲亲切地纠正道，"你并没有用尽你所有的力量。你没有请求我的帮助。"

父亲弯下腰，抱起岩石，将岩石搬出了沙箱。

任何人都必须依靠别人的帮助而生活，所以我们也必须像别人给予我们的那样对别人提供自己力所能及的帮助。人必须互助，而且必须是自觉性的互助，不是只要付钱就行，而是必须以尊敬、感谢以及关切来回报。

来自"知心姐姐"的一段话：

一天，一个戴"两道杠"的同学来找我，愁眉苦脸地说："不知为什么，我和同学们的关系越来越紧张了。我觉得我是中队长，很重要，可那些不重要的人却处处和我作对。"

我请他伸出他的五个手指。

"请你告诉我，哪个指头最重要?"我问。

他掰掰大拇指，摸摸食指，拉拉中指，拽拽无名指，又捏捏小指，为难地回答："都重要。"

"对，五个手指都很重要，缺一不可。它们有长有短，有粗有细，配合起来才有力量。如果都一般长，那一定不好用。在集体生活中，每个人就像其中一个手指，性格不同，爱好不同，能力不同，但每个人都很重要，每个人都有他特有的能力和作用。如果你能把每个同学都看得和你一样重要，就会发现他们的优点和长处，发现他们的作用，就会改善你和他们的关系，和大家相处得很好。"

这位中队长觉得我说得很有道理，回去成立了"五指中队"。他改变了看问题的角度，发现全中队 54 个人，人人都很重要，人人都有很多长处。他按每个人的长处分配了角色，并充分肯定了他们每个人的重要作用。不久，"五指中队"被大队评为优秀中队，他呢，也被同学们选为"知心队长"。

跟人和谐相处并且合作成功的秘诀是：真心实意地尊重别人，让对方觉得自己很重要。

人生哲理

合作，是世界发展的潮流；合作，将创造出生命的奇迹！

平时热爱劳动

劳动是人类生存的基本要求，热爱劳动是一种高尚的思想品德，劳动就在于创造，就在于创造性的劳动。

劳动是人的基本实践活动，劳动为人们的物质生活和精神生活提供了必要的条件，劳动改造着世界。人们应该热爱劳动，学会劳动。劳动对我们的全面发展中有着重要意义。劳动促进了我们的身体发育，培养我们健全的人格。

现在我们从小生活在钢筋铁骨的水泥丛林中，抬头是灰蒙蒙的天空，低头是熙熙攘攘的车流人海，天天重复着从家庭到课堂的往返，忙不完的作业、习题和考试，听不完老师的教导和家长的唠叨——从而远离了大自然，远离了我们的地球母亲，很少有时间接近大自然。在劳技课上，老师能给我们一个接近大自然的机会，把我们从作业与考试的囚笼里放出来，让灵魂上得到了净化。如我们种上一株花，那我们就会全心全意地关注着自己最心爱的朋友。在不知不觉中，让我们的一颗颗爱心跳跃起来了。

在劳动过程中，我们的责任感得到培养，动手实践能力得到培养，我们的劳动意识得到了提高，也从中体验到成功的滋味。

同样，劳动是孩子的天性，孩子在干家务活动中充分体现其活动的天性，而且，他们对此怀着强烈的兴趣。孩子非常乐意去擦拭一小块地板砖，家具上的手指印，还有桌面上的灰尘，所以我们应早点花心思去教他们动手做点家务，以免将来后悔喊不动他们。然而，教孩子做家务，安排他们如何帮忙，却是一件需要年轻妈妈们花费心思的工作。因为很多事情你会觉得自己动手省时省力得多，所以凡事都自己代劳。这样，对孩子的成长是不利的。

当小孩做完一件事后，不管这件事本身的大小，你都应该对此表示高兴，让小孩知道你很肯定他的工作，但在肯定时忌用物质刺激，尽可能多采用鼓励性的话语。

现在，许多妈妈在工作之余还要兼做家务。因此，让孩子积极参与生活，这对于配合维持一个整齐、干净的家，就显得格外重要。这里不仅是让小孩懂得收拾自己的东西，更主要的是要做出安排、制造机会，让孩子参与家务。这不但可让孩子体会并分担父母的辛劳，还能让孩子学到许多做事的方法，从中培养体贴、负责的心，父母亦可能省许多力气，少操许多心，使家庭的气氛和谐、融洽。

有一天，奇奇和爷爷奶奶去运河公园锻炼身体。

奇奇先找到了一块草坪，接着从爷爷的车上拿出了一个塑料袋，把一片一片从树枝上飞舞下来的枯黄色的树叶装进了塑料袋。然后，奇奇看了看这块草坪，比原来干净多了。奇奇心里真高兴。最后，奇奇还量了量草坪的大小，有16平方米。爷爷奶奶夸奇奇捡得真干净。奇奇心里热乎乎的，觉得自己也成为一个小雷锋了。

人生哲理

劳动光荣，懒惰可耻。

能够孝敬父母

孝敬父母是我国的传统美德。

你可曾想到，这十多年来，父母一方面要努力工作，为祖国的现代化建设多作贡献；另一方面又要料理家务，为我们的健康成长而日夜操劳，这是多么不容易啊！父母对我们倾注了无限的爱，这中间充满了自我牺牲的精神。现在，我们应该明白父母的苦心，应该孝敬父母。

其实，天下的父母都是一样的，他们都把自己无私的爱奉献给了自己的孩子，很多妈妈每天陪伴自己的孩子学习，放弃了自己的许多休息时间，很多爸爸为了赶着接送孩子顶风冒雪，忘记一天工作的劳累，有很多奶奶、姥姥、爷爷、姥爷，为了准时地接送自己的孙子，多少次在风雨中等候。所以应该牢记：养育之恩永不忘怀。

孝敬父母就是要敬爱父母，听从父母的教导，关心体贴父母，主动分担父母的辛劳，在家做个好孩子，在校做个好学生。长大成人后，自觉承担起赡养父母的责任。

孝敬父母，尊敬长辈，是做人的本分，是天经地义的美德，也是各种品德形成的前提，因而历来受到人们的称赞。试想，一个人如果连孝敬父母，报答养育之恩都做不到，谁还相信他是个“人”呢？又有谁愿意和他打交道呢？

《新三字经》里有一句：“能温席，小黄香，爱父母，意深长。”其中提到的小黄香是汉代湖北一位因孝敬长辈而名留千古的好儿童。他9岁时，不幸丧母，小小年纪便懂得孝敬父亲。每当夏天炎热时，他就把父亲睡的枕席扇凉，赶走蚊子，放好帐子，让父亲能睡得舒服；在寒冷的冬天，床席冰冷如铁，他就先睡在父亲的床席上，用自己的体温把被子暖热，再请父亲睡到温暖的床上。小黄香不仅以孝心闻名，而且刻苦勤奋，博学多才，当时有“天下无双，江夏黄童”的赞誉。

对于现在的一些独生子女，常可以看到这样的镜头：吃过饭后孩子扭头看电视或出去玩耍了，父母却在那里忙碌着收拾碗筷；家里有好吃的东西，父母总是先让孩子品尝，孩子却很少请父母先吃；孩子一旦生病，父母便忙前忙后，百般关照，而父母身体不适，孩子却很少问候。凡此种种，值得忧虑。

小华11岁，爸爸妈妈对她异常疼爱，小华也很喜欢爸爸妈妈，但还是不知道心疼父母。父母每天结束了一天的工作，拖着疲惫的身子回到家里，连一口热水也喝不上，小华还要爸爸陪她玩，并一直喊着要吃饭。

对此，父母感到很难过，他们想，也许是自己平时对女儿的溺爱让小华没有孝敬父母的意识。于是他们决定从生活小事做起培养孩子的这种意识。

有一次，小华要尝试自己洗衣服，于是妈妈痛快地答应了。第一次洗衣服，小华洗得相当吃力，额头上都渗出了细细的汗珠，而且洗完衣服，小胳膊都开始酸痛了。

小华好奇地问起妈妈：“妈妈，你平时帮我和爸爸洗衣服也这么累吗？”妈妈说：“虽然我力气要比你大些，不过每次洗那么多的脏衣服，也是很累的。”小华听完后若有所思地说：“妈妈，我现在长大了，以后我的衣服我自己来洗吧。”

妈妈听了女儿的话，心里不知有多高兴，并及时夸奖小华说：“小华懂事了，知道心疼妈妈了。”听了妈妈的夸奖，小华更高兴了。此后，小华变得懂事多了，除了坚持洗自己的衣服以外，还主动帮父母做些家务活，慢慢懂得心疼父母了。

小华为什么变了？因为她体验到别人的疾苦，激起爱心或同情心，能设身处地为别人着想了。

有无孝敬父母的习惯，不单单是子女和父母的情感关系，其实质是一个能否关心他人的大问题。在家里能养成孝敬父母的好习惯，到社会中，才有可能做到关心同事，也才有可能做到对祖国的忠诚。因此我们千万不能忽视培养孩子孝敬父母的好习惯。

人生哲理

孝敬父母是中华民族的传统美德，又是热爱人民的具体表现。在现在社会里，有的人却忘了父母的养育之恩，不孝敬父母，这是一种十分缺德的行为。

不乱花钱

每一分钱都是父母亲的血汗钱，无论在生活中或学习中都要节约每一分钱。作为家长，要想让孩子成才，就不必给孩子太多的钱。

说起来也许没有人相信，许多家庭里，最有钱的是孩子。现在做了父母的中国人中，许多人都有过苦日子的经历，都记得自己曾经一天只能挣几角钱的日子。在这些人的记忆中，一张10元的钞票是一笔了不起的财富，轻易花掉，多少有些犯罪的感觉。可是，如果你现在把一张10元的钞票放在孩子面前，他也许不屑一顾。

欧内斯特·海明威是美国著名作家，有一段时间，住在加利福尼亚州的太阳谷，此时，他致力于小说《丧钟为谁而鸣》的创作之中，同时，还关心着三个儿子的健康成长。

儿子格雷戈里每天都在一家饭店订一份大餐，然后把这份大餐拿去喂附近池塘里的鸭子。若干年以后，他在《爸爸：一本个人回忆录》中写道：

爸爸把我们叫到他的房间里，当时我们十分害怕。虽然他对我们从不发火，但是他严肃的外表让我们感到非常害怕。

“基格，我还没有告诉你有关金钱方面的事呢。”

“实际金钱并没有什么价值，但你可以用它买到许许多多自己喜爱的东西。当你在买许多自己喜欢的东西时，就好像在花我给你发一角的零花钱一样。”

“事实上，我们并不是一直有那么多的钱，因此你必须感到满足才行。如果你不明白这些道理，将会对你以后的发展有直接的影响，会影响你树立正确的价值观、人生观。”

“很快你就会发现，金钱不是轻而易举就能挣来的。等你长大之后就会明白的。”

“管理这个地方的安德森先生是一位好人，”爸爸接着有点生气地说，“他说你这样一个9岁的孩子，每个月在这里花的钱都破纪录了。即使是富翁阿加尔汉的孩子，也没有花你这么多钱。”

随后，爸爸又严肃地说：“如果你还是这样毫无节制花钱的话，那么我们可真得要搬走了。”

听完爸爸说的话，我的脸一下子红了。不过我还是喏喏地问了一下父亲，以后谁去喂那些鸭子。

爸爸语气有些舒缓地说：“安德森先生并没有让我们必须离开这里，他只是让我和你谈谈。所以，以后你不要在支票上填写那么大的数额，更不要无缘无故地大把花钱。”

“射鸭比赛是比较有趣的，到时候我们会一起去的。”

“好了，马上吃饭了，你想吃多少就吃多少。只是烤鸡，还有烤肉串不要吃得太多。”

“从下个月开始，我会限制你花钱，每个月300元以内。”

“听着，基格，这就意味着你以后不能再毫无节制地乱花钱了。”

教育孩子节约，就是让孩子懂得金钱是劳动换来的，节约金钱就是对父母劳动的一种珍惜和尊重。

做铁匠的父亲，含辛茹苦地养着一个儿子。可是这独生子并不成器，花起钱来毫无节制。父亲终于忍不住了，将儿子逐出家门。要他去尝尝挣钱的苦头。

母亲心疼儿子，偷偷地塞给儿子一把铜板。儿子在外面溜达了一天。晚上，他把铜板交给父亲：“爸，这是我挣的钱。”父亲把铜板拿在手上掂了掂，生气地说：“这钱不是你挣的！”说着就丢进了熔炉。

儿子无奈，只好来到农场里，当他付出了一身臭汗一身泥的代价之后，农场主给了他半把铜板。儿子兴冲冲地回到家里，把铜板交给了父亲。

没想到这次父亲看都不看一眼又丢进了熔炉！儿子立即暴跳如雷，他一边吼叫着一边竟向红彤彤的熔炉扑去！父亲一把拉住他，良久，他露出一脸神秘的笑容："孩子，你终于知道心疼这些钱了，我相信，这钱才是你挣的。"

金钱的真正价值，常常不在于它本身的面值，而是取决于它背后的艰辛——不劳而获的，即使化烟、化灰也毫不心痛；而那些让人弥足珍贵的，必定与自身血汗相关！

家庭条件好，对孩子是好事，也是坏事，这就看怎么引导孩子花钱，这是每个家长都不得不面对的问题。

人生哲理

从现在做起，节约每一分钱！

学习时专心致志

你一定都听说过《小猫钓鱼》的故事吧。与这个故事的寓意相同的还有中国古代"一手画圆，一手画方"的说法。旨在告诉人们学习时不可一心二用。

心理学上曾有人做过对比研究：请来两组知识能力大致相同的学生，让第一组的同学边听故事边做简单的加法习题，而第二组也做同样的两件事，但是两项内容分开进行。同样的时间后，检查加法题的成绩，并请每个人复述听过的故事。结果是：第一组习题与复述的错误率都明显高于第二组。由此看来，一般人不可能同时高质量地做好两项或两项以上的事情。如果硬要同时做，必然使每件事的质量都有所降低。不信你可以当场实验：左手右手各拿一支笔，一手画圆，一手画方，双管齐下。其结果必然是圆也不圆，方也不方。古语“目不能两视而明，耳不能两听而聪”说的就是这个道理。

生活中确实也能找到一些一心二用的例子，比如：老师能一边讲课一边观察学生，司机能一边开车一边哼小曲，家庭主妇能一边看电视一边织毛衣，摇滚歌星能一边唱歌一边跳舞，农民能一边铲地一边说笑话等。这在心理学中叫做注意的分配。注意的分配不是任何人、任何时候都能做到的。这要求一些条件，其中最重要的是：同时进行的两项或多项活动，一般都是比较熟悉的，最多只能有一项是不十分熟悉的，而其他与之同时进行的活动要达到几乎自动化的程度才行。仔细分析一下上面所举的五个例子，无一不属于这种情况。就拿司机来说吧，行车路线必须是熟悉的，小曲必须是比较熟悉的。假如他第一次开车进入一座陌生的城市，或者车辆、行人拥挤不堪的时候，他就难以做到边开车边哼小曲，否则，非出事儿不可。在电视节目中，我们曾经看到京剧演员一边唱一边双管齐下写大字。从表面看，这些事情的难度都比较大，实际上这是长期训练的结果。对于表演者来说，所表演的内容都是非常熟悉的。综上所述，可以得出这样的结论：一心二用不利于提高学习效率，学习应该专心致志。

专心致志包括以下两个方面：一是要致力于主攻方向不分神。就是在一定时期内紧紧围绕主攻方向安排学习内容，除学校组织和提倡的健康活动外，一切与主攻方向相悖的乃至不相关的劳神费时的事情都尽量不要涉足。诸如打游戏机、过多地读课外书籍和过多地看电视等。二是全神贯注不走神。上课时要全神贯注地听讲，做作业时聚精会神地思考。对于一切与学习无关的事情能够做到听而不闻，视而不见，以意封闭。有些同学上课时走神儿，讲话或摆弄东西，甚至做一些与学习毫不相干的事；课后做作业，一边听歌一边写文章、算题，哪里说话哪搭茬儿，或者故意插科打诨。这些做法都是与专心致志的学习习惯背道而驰的。

比尔·盖茨从小就表现出惊人的专注力，加之家庭的引导和培养，使其长大后能长期痴迷于计算机。孩子好奇心强，可能对许多事物都有兴趣，但往往很难专注于某事，浅尝辄止，结果一事无成。有的父母也存在浮躁心理，喜欢攀比，见别人的孩子学啥，也要让自己的孩子学，恨不得天下所有的知识都要孩子知晓，所有的技能、特长都要孩子掌握。这只会造成孩子看起来什么都会，却无一技之长。培养孩子的专注力十分重要，父母在孩子小的时候就应该把孩子的专注力激发出来。当孩子做某事时，应要求他们在规定的时间内完成并帮助他们排除外界的干扰；让孩子对感兴趣的问题不断寻根问底，深入思考；让孩子在兴趣广泛的基础上，选择最着迷的对象深入下去，父母应有意识地强化孩子这方面的兴趣。

孩子可能对许多事都有兴趣，但往往很难能够专注于某事——未全身心地投入进去，永远只能在目标的外围徘徊，难达到很高成就。

人生哲理

专心致志的学习习惯是我们必须养成的起码的学习习惯。

有探索能力

有的孩子遇到难题时往往退缩，没有战胜困难的信心；有的缺乏毅力，自觉控制能力较差。在学习中遇到困难时，往往不肯动脑思考，知难而退，或转而向父母寻求答案。这时家长不要代替孩子解答难题，而应用坚定的神色鼓励孩子动脑筋，用热情的语言激励孩子攻克难关，还可以讲一些中外名人克服困难的故事，使其懂得具备坚忍不拔之意志的重要性。

在美国中学生的课外活动中，有着许多有趣的活动项目。最有趣的是“小型联合国”。这项活动在美国许多高中开展，受到了联合国总部的支持。各校学生每年都要设计完成某些项目，参加全美国的“联合国”活动评选。歌华所在的高中，有一年的活动是“中东和平进程”，“小型联合国”的同学们在自愿基础上分成几个组，有的组站在以色列的立场，有的组站在巴勒斯坦的立场，他们分头到图书馆去搜集包括沙龙、巴勒斯坦权力机构主席阿巴斯等国家领导人的著作、演说和官方声明在内的各种材料，准备好代表他们观点的演讲稿，再来进行公开辩论。需要强调的是，这项活动校方完全不干预、不介入，而活动的组织者也不会预设立场，不会有谁将某种观点指定（或者内定）为“反面教材”——他们的着眼点并不在于分出输赢，而在于让孩子意识到自己是全人类的一员，学会独立思考，甚至是跳出美国价值观念和思维方式，从截然不同的立场和角度，对这些复杂的国际问题的来龙去脉有个了解。

这样的学习既有趣又有实际意义。当孩子代表一个民族、一个国家来面对复杂的国际局势，一种使命感就会油然而生。让他们从心里意识到，要想在明天实现自己的理想，必须在今天就努力学习。同时，他们也能从中发现，无数人都在为了更好的明天而努力拼搏、承受痛苦和委屈，自己在学习中遇到的困难和挫折，相比之下，实在是太微不足道了。这样，他们就有了战胜困难的信心，找到了学习的目标。

刘学良小时候非常顽皮，喜欢问这问那，可这“问这问那”的优点被妈妈无意中发现了，后来，在妈妈的精心培育下，他于1985年的8月接到了美国斯坦福大学的录取通知书。

据刘学良的妈妈说，刘学良小时候就像其他村男孩一样不爱学习，倒是挺喜欢各种各样的玩具。有一次，她拿着小汽车问妈妈：“妈妈，汽车为什么4个轮子？”

“4个轮子才稳当么。”妈妈一边看报纸，一边随口答道。

“那，三轮车为什么是3个轮子？”

“……有3个轮子，也就稳当了。”妈妈有些不耐烦，因为她正在看一条重要新闻。

“那，自行车怎么只有两个轮子？”

妈妈放下了报纸，有些吃惊又有些尴尬地看着学良，学良正睁大眼睛看着她。母子对视了一分钟，妈妈才缓过神来。

从学良乌黑但充满了疑问的大眼睛里，妈妈像是看到了什么！

“这不就是几何的几个基本原理么？”妈妈的脑子像有个小火花跳跃了一下，当然，这只是实际生活中的一个小小的疑问而已。

但正因为是实际的，不是比教学中的理论更鲜明、更活泼嘛！

妈妈知道该怎么做了，像是大梦初醒一般！

“好孩子，”妈妈一把把学良拉到怀里，“来，妈妈给你讲！”

妈妈就用最浅显的话，认认真真地给学良讲着。令妈妈感到特别高兴的是，这次学良竟然一动不动，昂着脑袋，老老实实地听着妈妈的话，既不乱讲话，也不做小动作了。

调皮、不爱学习、不会背“鹅鹅鹅”的学良，现在多么像一个好学生啊！

爱提问题是孩子的天性，在对孩子的教育中，有时不知不觉地扼杀了孩子这一优秀品质，从而也就禁锢了孩子的思维。从古到今，有成就的人小时候都爱打破沙锅问到底，这是优点、是长处，切莫用“瞎问什么”、“有完没完”之类的话对待孩子，这样做也许你正在犯一个特大的错误——扼杀一个天才！

人生哲理

马克思说：“科学上没有平坦的大道。”同样学习上也不可能没有困难和挫折，但只要有决心、有毅力，就总能克服困难，取得进步。坚强的毅力是一种非常重要的品质，没有这种锲而不舍的毅力，任何学习都不会取得好的成绩。

喜欢动脑

创造性学习是身心综合性活动的过程，创造性思维不仅是一种明确有序的显意识思维，更多的还是包含着直觉的洞察和灵感的闪现的潜意识参与的思维。

学习有法，但无定法。任何一种学习方法都有它的局限性。真正的有效的创造性学习方式正在每个学习者的学习中创造。

东东是个聪明而且顽皮的孩子，在学习上，他从不认为一道题只有一个答案，而是尽可能地找出更多的答案。

一次物理考试中，其中有一道题是“如果给你一只气压计，你怎样才能用它测量出一座大楼的高度？”由于快要交卷了，于是这个顽皮的男孩索性在试卷上写道：“把气压计系在绳子的一头，从楼顶放下去，只需要测量它到达地面时绳子的长度就行了。”

物理老师阅卷时被这个颇具创意的答案气炸了。东东被叫到办公室，老师问他：“这是你做出的答案？你没细心读过题吗？本题是问你怎样使用气压计。”

“好吧，老师，请再给我一些时间，我一定能找到更好的答案。”

第二天一早，男孩竟主动找到物理老师，说他发现了好些“切实可行”的测量方法，算起来居然有十多种。

老师十分诧异地看看他，问道：“你究竟找到了哪些方法呢？”

“比如，可以像普罗泰戈拉测量金字塔的高度那样，使气压计直立于地面，当太阳光下影子的长度与气压计高度相等时，测量地面上大楼影子的长度就能得出它的高度。”

“另外，我还可以把气压计当重物，利用动滑轮将它吊到楼顶。用绳子的长度除以2。”

“还可以尝试把那只气压计干脆从楼顶上扔下去，利用重力加速度计算出自由落体坠落的高度。”

孩子一口气说完了十来种方法，老师听了问道：“你既然可以想出这么多的‘花招’，怎么就没有思考过我为什么一定让你使用气压计？”

学生笑了：“其实我明白，你是要让我通过地面和楼顶的大气压差来得出答案。”

“对啊，你既然知道，为什么不早说呢？”

“我不愿意跟别人一样，这个答案太常规。”

“是想标新立异吗？”

“不是，是我发现所有的问题都不止一个答案。”

东东的这种创造性思维是在父母培养下养成的习惯，他的父母要求他解决每个题目要想出5种解答方法，而他却要求自己能想到更多。

试着寻找新的答案，这正是创造性思维区别于常规思维的一个重要特点。只有超越常规与传统，你的探索才会更有价值。

人生哲理

只靠简单的重复劳动取得自身学业的成功是极为困难的，只有不断开动自己的脑筋，坚持创造性学习，才能把书读好、读活，才有可能在学习上取得突出的成绩。

懂得尊重别人

有人说过这样一句话："学会维护他人的自尊心，你会得到越来越多的朋友。"这话说得一点都不错，因为在日常生活中，每个人都极为重视自己，都喜欢谈论自己的得意之处，即使是你的好朋友也同样如此。所以维护和尊重他人的自尊心，实际上就是为了充分地驾驭对方打下基础。

我们在交际中，只要注意维护别人的自尊，那么不管对方是什么人，都同样会还报你以自尊。但是，在维护别人的自尊时，有时要注意使用不同的方式，因为有时候会涉及到国籍的不同，文化的不同，习惯的不同，这也同样是应该注意的。

有这么一件事，说的是一位中国留学生在美国乘坐公共汽车，见到一位美国老人，便礼貌地站起来让座。老人不仅不感谢他，还面露愠色，道："我是男人，不是女士，难道你看不出来！"留学生道："可您是老人呀。"老人更加恼怒了，指着留学生吼道："你居然把我看成了老人，我真的那么老吗！"说完悻悻然地走了。留学生一脸委屈。如果在中国，这位留学生的做法不仅没有错，还应该受到称赞，但是在美国，没有人把自己当成老人对待，而且也特别讨厌别人把自己当成老人来看待，这位留学生的礼貌反而在无意中伤害了那位美国老人的自尊。学会维护别人的自尊，在日常交际中应该说是相当重要的，而且抓住别人的心理，适当地满足别人的自尊，则可令你在交际中成为"得道"者。我们认为，在交际中要做到不刺激对方的自尊，应该首先做到以下几点：

1. 不把对方的缺点当笑料；
2. 不将对方的憾事当秘闻；
3. 不要过于显示自己的优越感；
4. 不要表现出对对方不屑一顾的神态；
5. 不要使对方有被压制的感觉。

从前有一个渔夫，一天，他捕到了一只很大的牡蛎，他把牡蛎放在篓子里。渔夫睡下后，这只牡蛎已经干渴得要死了。它叹了口气："上帝啊，快救救我吧！"就在这时，一只老鼠从这儿经过。牡蛎准备利用这从天而降的唯一机会来挽救自己。"老鼠，您的心肠这么好，肯定能把我带到海边去吧？"老鼠看了牡蛎一眼，心里想，这个牡蛎又肥大又漂亮，一定富有营养并且可口。老鼠嘴上答应着，心里却想着要吃掉牡蛎："但是，为了把你带到海边，你得把壳张开一点。你的壳紧闭着，我怎么带你走呢？""好的，听你的！"牡蛎同意了。但是，他十分警惕地将其壳半张半开。老鼠立刻伸过嘴巴就来咬牡蛎。尽管老鼠的行动很迅速，但牡蛎事先就预料到了这一步，一下子就夹住了老鼠的脑袋。老鼠疼得吱吱叫。叫声传到猫的耳朵里，猫立刻跑过来，捉住了这只害人害己的老鼠。这只猫吃了老鼠，饱餐了一顿，它为了感谢牡蛎，于是把牡蛎送回了大海。

老鼠因自私而想吃掉一个求助于它的生命，结果恶有恶报，最终是自己落入了猫的口中，成了别人的牺牲品。而猫却为了感谢牡蛎帮助它捉到了老鼠而将牡蛎送回大海，救了牡蛎一命。

从老鼠和牡蛎的故事我们可以看出，在伤害别人之前，要想到别人也会同样伤害我们。所以我们从小就要有一颗善良的心，害人之心不可有。

人生哲理

"尊重"是重要的社交法则之一，连最起码的"尊重"都不懂得的人，不但不会得到别人的支持和帮助，还会成为一个受排斥的人。

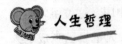

摒弃依赖心理

依赖性强的人往往表现得没有主见，缺乏自信，总觉得自己能力不足，甘愿置身于从属地位。遇到事情总想依赖父母、老师或同学，总希望他们能为自己做出决定，不敢独立负责。依赖性强的人往往喜欢与独立性强的人交朋友，他们显得很顺从，希望独立性强的人能给他们出主意。如果失去了可以依赖的人，他们常常不知所措。

依赖性这一不良表现如果得不到及时的纠正，发展下去危害很大。依赖性过强的人可能对正常的生活、工作都感到很吃力，内心缺乏安全感，很容易产生焦虑和抑郁等情绪反应，影响身心健康。如何矫正这一不良性格呢？以下提出几种建议：

1. 培养自信心。大多依赖性强的人都不太自信，遇到问题时不敢自己想办法解决，只好请求家长或老师、同学帮忙。所以他们自信心的自我培养就非常重要。首先要相信通过自己的努力，是能处理自己生活和学习问题的；其次是发现自己的才能，独立解决一些问题，增强自信心。

2. 调整与父母的关系。应多与父母交流沟通，让他们知道这样的教育方式不仅束缚独立性与创造性，丧失自尊心和自信心，也不利于身心健康，应该适度放手，给予了解周围世界的自由。

3. 寻找独立锻炼的机会。如在学校中主动要求担任一些班级工作，以增强主人翁的意识，使自己有机会去面对问题，能够独立地拿主意，想办法，增强自己独立的信心。在家里，要有意识地培养自己的生活自理能力和独立性，帮助父母做一些家务活。自己的一些事情先要自己想一想，自己拿主张。

4. 多向独立性强的人学习。同伴的作用有时甚于父母的影响，因此可以在老师的帮助下，与独立性较强的人交往，观察他们是如何独立处理自己的一些问题的，向他们学习。同伴良好的榜样作用可以激发我们的独立意识，改掉过分依赖他人这一不良性格。

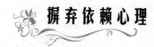

古希腊神话中有这样一个故事。

宙斯之子赫拉克勒斯小时候，曾碰到过两位女神，一个叫美德女神，一个叫恶德女神。

恶德女神对他说："孩子，跟我走吧！包你有享不完的荣华富贵！你要什么，我一定满足你什么！"

美德女神对他说："孩子，跟我走吧！我将教会你如何勇往直前！而你也必将在战胜艰险的过程中变得坚强无比！"

赫拉克勒斯想了想，毅然跟定了美德女神。这以后，他果然出生入死，在战胜无数毒蛇猛兽的过程中变得刚强无比，为人类屡建奇功，成了希腊神话中首屈一指的英雄！而且，正是因为这个，他才得到青春女神的爱情——成了青春女神的丈夫！

真佩服古希腊人的深刻思想和对善恶的区分，原来，"要什么就有什么"非但不是什么幸福，而且恰恰是一种恶！反之，只有自觉地挑战磨难，才是人生最理智的选择，才能真正体现出青春的壮丽！

要什么有什么的安乐生活可以让人获得感官上的舒适，却不会让你在能力、才华、品德等生命力方面有任何收获。

不要总想借助外物来获得成功，去掉依赖心，靠你自己的实力来赢得一切。试一把吧！

人生哲理

只有自立之人，才会有拯救自己的方法。

别人可以在必要时扶你一把，但别人还有别人的事，不能变成你的一部分，不能永远扶持你。还是拿出勇气来，承认"坚强独立，自主多福"这八个字吧！

一个人绝不能坐享其成，如此下去，往往适得其反。

不讥笑讽刺

有一个一家三口灭门的血案，在警方锲而不舍的查缉后，已宣告侦破。凶嫌被捕后，坦承说出萌生杀机的原因，并在行凶后担心事情败露，而再杀其妻女灭口。

凶嫌表示：两个月前，“死者”用话刺激他、耻笑他，并用手指指他胸前，笑他“没什么用”，开堆高机那么久了，仍然是“给人打工”，不像他自己开堆高机没多久就当了老板。对这样的“讥讽”，凶嫌怀恨在心，后来“死者”只要与他碰面，就不断嘲笑他，以致使他萌生杀人泄恨之心。

据警方表示，凶犯心智健全，但因受到对方不断的讥讽和嘲笑而杀人，这成为历年来灭门血案的特殊案例，颇值得社会大众警惕。

不要以为小节不伤大雅，相反要注意从小处入手，树立自己的形象，全方位地完善自我，最终使自己登上大雅之堂。

古人早有明训：“言语伤人，胜于刀枪。”许多人常以嘲弄他人为乐子，也有部分综艺节目的主持人，戏称未能在比赛中过关的来宾“笨”，或嘲笑比赛者的长相“丑”。有些虽然是属玩笑性质，但总让人觉得不妥，毕竟“尖酸刻薄”、“有失厚道”的言辞，会使听者产生不悦。严重的，正如灭门血案的被害人一般，遭到杀身之祸，后悔莫及。因此，古人说：“丧家亡身，言语占八分”，似有其道理，真是叫人不得不谨慎。

其实，言辞起冲突而萌生杀机的情况处处都会发生。法国巴黎有一名美食专栏作家，经常在文章中特别赞誉某家餐厅，或批评某些餐厅的菜肴。有一次，此专栏作家在专栏中对一餐厅的菜色做“像猪食”的评语，以致激怒了餐厅老板。该老板事后特别再请此美食专栏作家去试吃“精致美味的佳肴”，不料美食专家吃完后脸色大变，晕倒在地，送到医院时气绝死去。餐厅老板被警方逮捕收押后，坦承“设毒宴”下毒，他说：“批评我们的美食像猪食的人都该死！”

这真是叫人瞠目结舌，专栏作家们下笔时可得小心点，就像你说话一样，若言词过于尖酸刻薄，批评太过分，可能也会“惹祸上身”。

每个人都喜欢受到别人的赞美，没有人喜欢别人来指责自己。即使是相濡以沫的朋友，即使是一句简单的赞美之词，也可以使人振奋和鼓舞，使人得到自信和不断进取的力量。

赞美对于一个女人来说，似乎更为重要，因为女性经常是以情感来体验生活的。作家里昂梅尔逊和他的妻子梦丝是在2月23日结婚的。里昂说：“我永远不会忘记我们结婚的日子，因为那是在华盛顿生日的后一天。”但他的妻子却说：“我永远不会忘记华盛顿的生日，因为那是在我们结婚的前一天。”

法国上层阶级的男人们，就很习惯对女人的穿戴表示赞美，而且一个晚上不止赞美一次，常常是好几次。5000万个法国男人都这样，这是因为他们有教养，懂得赞美的重要。

在茂密的山林里，一位樵夫救了一只小熊。母熊对樵夫感激不尽。有一天樵夫迷路借宿到熊窝，母熊安排他住宿，还以丰盛的晚餐款待了他。翌日清晨，樵夫对母熊说：“你招待得很好，但我唯一不喜欢的地方就是你身上的那股臭味。”母熊心里怏怏不乐，但嘴上说：“作为补偿，你用斧头砍我的头吧。”樵夫按要求做了。若干年后樵夫遇到了母熊，问她头上的伤口好了吗？母熊说：“噢，那次痛了一阵子，伤口愈合后我就忘了。不过那次你说过的话，我一辈子也忘不了。”

真正伤害心灵的不是刀子，而是比刀子更厉害的东西——语言。我们在生活中有时与人说话会给对方造成伤害，这是我们必须谨慎的，这样的“刀子”太伤人。

人，作为一种高级动物，与其他生灵的区别就在于人是有感情的，而人与人之间感情交流，又往往是通过语言来沟通的。所以说，与人交往的第一要务就是学会说话。一个会说话的人，肯定是社交圈里的高手，肯定会有一个好人缘；而一个不会说话的人，肯定是一个与成功无缘的人，即使有所成功也是有限的，因为说别人不爱听的话，无异于给自己的成功设置了障碍。

人生哲理

“恶语伤人六月寒。”生活在人世间，一个人的品质是通过他的一言一行来体现的。

自己的事情不麻烦别人

你周围有很多爱你、关心你的人，从一出生，爸爸妈妈就悉心地照顾你，爷爷奶奶也给你这样那样的帮助。上学以后，老师和同学不但与你一起学习，他们有时也帮你做很多事情。正是因为有很多事情是在周围那么多人的帮助下不知不觉地完成的，所以同学们有时候意识不到自己的事情需要自己做，因而对别人产生了依赖心理。比如，小时候你不会铺床叠被，爸爸妈妈也不说什么就帮你整理好了，你有可能觉得这是爸爸妈妈应该做的事情。其实，你已经完全有能力自己做这些事情了，而且是你自己睡的床，你自己盖的被，铺床叠被就是你自己的事情！既然是你自己的事情，你又有能力自己做了，是不是应该“自己的事情自己做”呢？

“自己的事情自己做”，其实是锻炼一个人很重要的能力——自理能力。自理能力就是在别人不提供帮助的情况下，自己照顾自己、管理自己的能力，它是一个人具有独立性的重要体现。也许你平时不觉得，等到了关键时候，它的重要性就非常明显了。

这是一个真实的故事。在一次航海中，鲁滨逊不幸迷失了方向，漂流到一个荒岛上，除了遇到残忍的野人和可怜的俘虏外，再也没有遇到任何人。吃的、穿的、用的、住的，一切全无。后来有一个“星期五”陪伴他，可他不是一个现代文明人，而是一个野人，鲁滨逊还得教他怎么生活。因为这个岛没有船只经过，鲁滨逊也无法与外界取得联系，他在这个荒岛独自生活了28年。28年！一个人得在一个荒岛上！鲁滨逊怎么过的？他必须自己的事情自己做！

在漫长的28年里，鲁滨逊做了许许多多的事。他先后把三个山洞改造为自己的家，靠捕杀野兽来进食，然后用野兽皮制作衣服，后来他自己种植了谷物，并制作出了面包……你能想象出鲁滨逊的生活有多么艰苦吗？你佩服鲁滨逊的自理能力吗？

自立能力是生存的基础，一个处处依赖别人的人，在遇到突发情况时就会失去解决问题的能力，只能坐以待毙。

由此可见，如果一个人自己的事情自己不做，指望别人替你做，即便是一些很简单的事情，你都做不成。可是别人不可能替你做一辈子，等到了关键时刻，等你长大了，你怎么办呢？

人生哲理

自己的事情自己不会做，就等于失去了生存能力，那将是一件多么可怕的事情呀！

不寻找借口

借口是一种不好的习惯，一旦养成了找借口的习惯，我们将会成为借口的奴隶。

人的习惯是在不知不觉中养成的，是某种行为、思想、态度在脑海深处逐步成型的一个漫长的过程。

任何一种思想和行为的方式，只要不假思索，完全出于自发，它就成了习惯。习惯一旦形成，就具有很强的惯性，是很难改正的，更难根除。所以，我们千万不要让自己成为借口的奴隶。

当我们养成了找借口的习惯，做事就会拖沓，没有效率。

没有任何借口是执行力的表现。无论做什么事情，都要记住自己的责任，无论在什么样的工作岗位，都要对自己的工作负责。

现实生活中有两种人，一种是不找任何借口做事情的人，另一种是整天找借口为自己开脱的人。

我们经常会听到各种各样的借口："这个问题太难了，我对付不了。"

"现在都下班了，明天再说吧。"

"这件事小王也有责任。"

"我太累了，这事明天再做。"

这样的借口太多了，如果你是老板，听到员工这样的推辞，也不会心情愉快的。我们缺少的正是那种想尽办法去完成任务，而不是去寻找借口的人。

喜欢足球的朋友都知道，德国足球队向来以作风顽强著称，因而在世界赛场上有很大的成就。

德国足球成功的因素有很多，但有一点却更值得研究，那就是德国队队员在贯彻教练的意图，完成自己位置所担负的任务方面执行得非常得力，即使在比分落后或全队困难时也一如既往，没有任何借口。

你或许会说他们死板、机械，也可以说他们没有创造力，不懂足球艺术，但成绩说明一切。至少在这一点上，作为足球运动员，他们是优秀的，因为他们身上有着执行力的特质。

所以，无论是足球队还是企业或员工，如果喜欢找借口，不去执行，就算有再多的创造力也不会取得好的成绩。不找任何借口的人，他们身上所体现出来的是一种服从、诚实的态度，一种负责敬业的精神，一种完美的执行力。

"没有任何借口"理念的核心是敬业、责任、服从、诚实，这一理念是提升办事能力，成就大事的重要准则之一。

但是，不幸的是，在生活和工作中，我们经常会听到各种各样的借口。借口让我们暂时逃避了困难和责任，获得了一些心理上的慰藉。借口是推卸责任的最好办法，有多少人把宝贵的时间和精力放在了如何寻找一个合适的借口上，而忘记了自己的职责和责任啊！

归纳起来，我们经常听到的借口主要有以下几种表现形式。

1. 这不关我的事。许多借口总是把"不"、"不是"与"我"紧密联系在一起，也就是指这不是我的责任，这种人不愿承担责任，把本应自己承担的责任推卸给别人。

一个没有责任感的人，不可能获得别人的信任和支持，也不可能获得别人的信赖和尊重。如果人人都寻找借口，无形中会削弱团队协调作战的能力。

2. 我很忙。如果细心观察，我们很容易就会发现，几乎每个领域里都存在着这样的人：他们每天看起来忙忙碌碌，似乎尽职尽责了，但是，他们把本应很快就可以完成的事情变得需要半天的时间甚至更多。

3. 我以前不是这样做的。寻找借口的人总是不愿意创新，他们缺乏一种主动自发学习的能力。因此，希望这些人做出创造性的成绩是徒劳的。借口会让他们躺在以前的经验、规则和思维惯性上舒服地睡大觉。

4. 这件事我不会。这其实是为自己的能力或经验不足而造成的失误寻找借口，这样做显然是非常不明智的。借口只能让人逃避一时，没有谁天生就能力非凡，正确的态度是正视现实，以一种积极的心态去努力学习，不断进取。

5. 他比我行。碰到艰巨任务时，这是推脱责任的最好借口，把难题扔给了别人。这种人是消极颓废的，他们养成了寻找借口的习惯后，遇到任何困难和挫折时，都不是积极地去想办法克服，而是去找各种各样的借口。这种消极心态剥夺了个人成功的机会，最终让人一事无成。

在西点军校，不管什么时候遇到学长或军官问话，只能有四种回答：

“报告长官，是。”

“报告长官，不是。”

“报告长官，没有任何借口。”

“报告长官，我不知道。”

除此之外，不能多说一个字，不能找任何借口。

这看起来似乎很绝对、很不公平，但是人生并不是永远公平的。

“没有任何借口”是美国西点军校200年来奉行的最重要的行为准则，是西点军校传授给每一位新生的第一个理念。它强化的是每一位学员想尽办法去完成任何一项任务，而不是为没有完成任务去寻找任何借口，哪怕看似合理的借口。这么做的目的是为了让学员学会适应压力，培养他们不达目的誓不罢休的毅力和承担责任的勇气。它让每一个学员懂得：工作中是没有任何借口的，失败是没有任何借口的，人生也没有任何借口。无论遭遇什么样的环境，都必须学会对自己的一切行为负责！

秉承这一理念，无数西点毕业生在人生的各个领域都取得了非凡的成就。有一组教字：第二次世界大战后，在世界500强企业里面，西点军校培养出来的董事长有1000多名，副董事长有2000多名，总经理一级的有5000多名。任何商学院都没有培养出这么多优秀的经营管理者。

巴顿将军在他的战争回忆录《我所知道的战争》中曾写到这样一个细节："我要提拔人时，常常把所有的候选人排到一起，给他们提一个我想要他们解决的问题。这个问题是：在仓库后面挖一条战壕，8英尺长，3英尺宽，6英寸深。我有一个带窗户或大节孔的仓库。候选人正在检查工具时，我走进仓库，通过窗户或节孔观察他们。我看到伙计们把锹和镐都放到仓库后面的地上。他们休息几分钟后开始议论我为什么要他们挖这么浅的战壕。他们有的说6英寸深还不够当火炮掩体。其他人争论说，这样的战壕太热或太冷。如果伙计们是军官，他们会抱怨他们不该干挖战壕这么普通的体力劳动。

"最后，有个伙计对别人下命令：'让我们把战壕挖好后离开这里吧。那个老家伙想用战壕干什么都没关系'。"

最后，巴顿写道："那个伙计得到了提拔。我必须挑选不找任何借口地完成任务的人。"

人生哲理

做事时不能有任何借口，把寻找借口的时间和精力用到努力中来吧！只有具有这种态度，成功才会属于你！

做好计划

你有梦想吗？有。

好。你需要一个可行的计划来帮助你完成自己的梦想。一个周详的计划可以反映你可以做什么，你实现梦想需要多少步骤，你成功的几率有多大。一个有效的计划应该用一系列新的程式代替旧的，这需要你的创意和毅力。

改掉没有计划就去做事的习惯。没有计划就意味着做事没有条理，到头来只会导致你十个手指抓九只兔子，当然一只也抓不到。

时间对每一个人都是公平的，都是一天24小时，一年365天。但实际生活中我们常常会发现，有的人整天忙得焦头烂额，学习和工作效果却不理想；有的人却学得轻松，玩得从容，既把学习任务完成得很好，也有时间安排自己喜欢的事情。同样多的时间，相同的任务，为什么差异会如此之大呢？最重要的原因是管理时间的方式和能力不同。

管理好时间的首要事情，就是要事先做计划。计划主要包括目标、具体任务、时间安排等几方面内容。对每天、每周、每月以及每个阶段的目标、任务和时间均做出准确的计划，才能控制好时间。假如学习没有计划，往往会事倍功半。而一个成功的人，肯定是一个高效的人；一个高效的人，肯定是一个时间管理得很有计划、很合理、很正确而且是很聪明的人。因此，从现在开始，让我们树立和加强计划的意识，做某件事情时，一定要问自己一句："我的计划呢？"

有的朋友说："我做事情也制定计划，可执行时往往不能按照计划进行。"这种情况的确会出现，有时候因为事先对任务的难度和所需要时间估计不足：有时候是因为我们一再拖延导致计划无法正常进行。在第一种情况下，我们随时调整计划，使其更合理就可以。面对第二种情况，我们就要分析拖延的原因：是你对任务本身不感兴趣故而缺乏动力，还是担心自己做不好为避免失败而拖延？所以，做事情前，要尽可能了解自己内心真正的想法，从而针对真实的情况制订计划。这样，计划才可能被有效执行。

可见，光有计划是不够的，关键是要有执行计划的能力。其中，很重要的一点就是克服惰性，当日事当日毕。如果难以完成的事情不断累积，最后越积越多，你的计划就会被弄得乱七八糟，你所做的事情就要花费数倍的时间，甚至有时就不了了之。

有关学者曾在一所小学的一群小学生中做了一个关于理想的追踪调查，

几年以后发现，有理想和目标的学生大部分成绩斐然，而没有理想和目标的学生却成绩平平。这些说明，理想和目标在人生中是多么重要。人没有生活的目标，就像一只没有舵的船，永远漂流不定，随波逐流，最后只会漂到失望、失败的海滩。

那么，一个人该如何设定目标呢？目标包含着大的目标，也包含着小的目标。首先，要为自己设定一个大的目标，然后设定一个小的目标，最后再一步步去实现。

有些同学，一到休息的日子，就不知道干些什么了，一会儿摸摸这个，一会儿弄点那个……时间白白地过去，学没有学成，玩也没有玩好，这就是因为没有目标的缘故。解决这个问题最好的办法就是把目标写出来，按轻重缓急的次序列出，然后全力以赴地去做每一件事。每做完一件，你就用红笔打上标记，这样，你的大目标就一定能最终实现。如果你想做完一件事，那就定一个“倒计时”表，按时去完成每一个阶段的任务，坚持下去，这件事就一定能办成。

现在就开始行动吧！给自己定个目标，并且马上开始做！

古时候，有一个北方人想到南方的某地。有一天，北方人准备齐车马，收拾好行囊，然后便在一个风和日暖的日子驱车启程，在马蹄的“嘀嗒”声中一路向北驰去。

路上，北方人遇到了一个熟人，这个熟人见到他，很惊奇地问道：“咦，你不是要到南方去吗？怎么现在却往北走啊？”

北方人笑了笑说：“我有一匹好马，还有充分的准备，我的马夫技术又十分娴熟，我什么地方去不了呢？”

那个人听后，看着地面上留下的车辙，善意地指给北方人说：“你看，你的车马虽好，准备虽然充分，可是却把方向弄错了，这样走只会越走离南方越远啊！”

可是，任他怎么说，北方人仍是固执己见。于是，在一阵打马扬鞭的吆喝声中，北方人随同他的车马终于与南方背道而驰越走越远。

没有预先策划而莽撞办事的人，就只能像上面这个故事中的人物一样，其结果只能与自己的目的相反。古往今来，凡是办得好的事，办得成功的事，无一不是在周密的策划之后完成的。

美国伯利恒钢铁公司总裁查理斯·舒瓦普向效率专家艾维·利请教“如何更好地执行计划”的方法。

艾维·利声称可以在10分钟内就给舒瓦普一样东西，这东西能把他公司的业绩提高50%。然后他递给舒瓦普一张空白纸，说：“请在这张纸上写下你明天要做的6件重要的事。”

舒瓦普用了5分钟写完。

艾维·利接着说：“现在用数字标明每件事情对于你和你的公司的重要性次序。”

这又花了5分钟。

艾维·利说：“好了，把这张纸放进口袋，明天早上第一件事是把纸条拿出来，做第一项最重要的。不要看其他的，只是第一项。着手办第一件事，直至完成为止。然后用同样的方法对待第2项、第3项……直到你下班为止。如果只做完第一件事，那不要紧，你总是在做最重要的事情。”

艾维·利最后说：“每一天都要这样做——您刚才看见了，只用10分钟时间你对这种方法的价值深信不疑之后，叫你公司的人也这样做。这个试验你爱做多久就做多久，然后给我寄支票来，你认为值多少就给我多少。”

一个月之后，舒瓦普给艾维·利寄去一张2.5万美元的支票，还有一封信。信上说，那是他一生中最有价值的一课。

五年之后，这个当年不为人知的小钢铁厂一跃而成为世界上最大的独立钢铁厂。人们普遍认为艾维·利提出的方法对小钢铁厂的崛起功不可没。

人们总是根据事情的紧迫感，而不是事情的优先程度来安排先后顺序，这样的做法是被动而非主动的，成功人士一般不会这样工作。

计划实现的精髓即在于分清轻重缓急，设定优先顺序。

有一次，一位公司的经理去拜访卡耐基，看到卡耐基干净整洁的办公桌感到很惊讶。他问卡耐基说：“卡耐基先生，你没处理的信件放在哪儿呢？”

卡耐基说：“我所有的信件都处理完了。”

“那你今天没干的事情又推给谁了呢?”那位经理追着问。

“我所有的事情都处理完了。”卡耐基微笑着回答。看到这位公司老板困惑的神态，卡耐基解释说：“原因很简单，我知道我所需要处理的事情很多，但我的精力有限，一次只能处理一件事情，于是我就按照所要处理的事情的重要性，列一个顺序表，然后就一件一件地处理。结果，完成了。”说到这儿，卡耐基双手一摊，很轻松地耸了耸肩膀。“噢，我明白了，谢谢你，卡耐基先生。”

几周以后，这位公司的老板请卡耐基参观其宽敞的办公室，对卡耐基说：“卡耐基先生，感谢你教给了我处理事务的方法。过去，在我这宽大的办公室里，我要处理的文件、信件等，都是堆得和小山一样，一张桌子不够，就用三张桌子。自从用了你说的法子以后，情况好多了，瞧，再也没有没处理完的事情了。”

这位公司的老板，就这样找到了做事的办法，几年以后，成为成功人士中的佼佼者。

所以，做事一定要根据事情的轻重缓急，制定出一个处理工作的顺序表来。同时多动脑，充分发挥大脑的积极作用，这样就会更有利于我们向自己的目标前进了。

人生哲理

成功人士都是以分清主次的办法完成自己的计划。这样的计划条分缕析，不至于出错。因此，为自己做一个优先顺序表是养成“计划行事”好习惯的第一步。

不妒嫉别人

能发现千里马的人是伯乐，能发现别人长处的人则是最有本事的人。

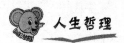

如果你换一种心态，学会为别人的优点高兴，为别人的成功鼓掌，你

就会发现你周围的每个人都是奇迹！

要对表现优秀的人或把某事做得特别出色的人表示祝贺。鼓掌至少持续3秒钟，两个手掌充分接触，以便掌声足够响。

每一个人都有一个神奇的大脑，都有一双能创造奇迹的手，但表现出来的才能各有不同：有的同学擅写会画，有的同学能歌善舞，有的同学善于思考，有的同学善于动手……聪明的人善于取长补短，愚蠢的人却爱嫉贤妒能。

假如，你是一个队干部，你愿意主动“辞职”，把自己的职位让给没有当过干部的同学吗？

假如，你的同学在某个方面有了很大进步，甚至超过了你，你能真诚地向他表示祝贺吗？

再假如，面对一个缺点比较多的同学，你能主动跟他交朋友，寻找他身上的闪光点，给他真诚的鼓励吗？

有一次，李华来到一所小学的一个班，参加他们的结业主题班会。

教室里充满了掌声笑声。在中队长的主持下，同学们争先恐后地赞扬进步大的同学。忽然，李华听到了一个熟悉的名字：王云。

“王云现在能按时完成作业，期末语文考得特别好，大家说他的进步大不大？”

“大！”中队长的话音未落，全班同学已经爆发出同一个声音。

几个月前，李华第一次走进四（2）班教室，正是为了王云。听说他不守纪律，不完成作业，考试不及格，常常被父亲打骂。那次，郭沫同学的爸爸受校长之托请李华到学校给全班家长讲怎样教育孩子做人。王云的爸爸听了直掉眼泪，他痛苦地对李华说：“我也不愿打孩子，可他老不争气，我实在没招了！”

除了打，难道真的没有别的办法了吗？李华跟着王云的爸爸来到四（2）班。教室里一片沉寂，全班的家长都在，许多家长也都在为孩子发愁。那天，李华和家长们约定：今后，以赞扬来代替责备，以激励来代替打骂！

一个月后，李华第二次来到四（2）班，送给全班同学每人一份礼物——快乐人生三句话：“太好了！”“我能行！”“你有困难吗？我来帮助你!”那天，李华和同学们也约定：把挑剔的眼光变为欣赏的眼光，多发现别人的优点。轮换当干部，让每一个同学都成功!

新上任的班主任徐美英是一位优秀的老教师，她组织全班同学开展了“一人进步大家乐”的活动。短短几个月，全校有名的乱班发生了巨大的变化，其中数王云的进步最大!

期末班会上，王云激动极了！他说：“升入四年级，我没挨过一次打，徐老师从来不告状，同学们也常鼓励我，我记住这句鼓舞人心的话‘我能行’，学习纪律都进步了，我从心里感谢大家!”

王云的进步告诉我们：一个人的进步离不开集体的关心和大家的帮助。

人生哲理

如果我们每一个人都试着去欣赏别人的优点，给予真诚的赞美与鼓励，那么每一个人的潜能都会充分地发挥出来，每一个人都会找回自信，获得成功!

一把无坚不摧的利剑——信念

信念是我们心中的希望，他能唤起我们对美好事物的向往，激励我们不折不挠地追求。一位哲人曾经说过："世界上有两种东西最能震撼人的心灵——头顶上灿烂的星空，内心坚定的信念。"

成功是一个一个目标的实践

在任何年代，任何国家，社会结构都接近一种金字塔状。大量的人处在金字塔的底部，只有一小部分人处在金字塔的顶部。处在底层的人们每天辛辛苦苦地工作，却只能勉强维持自己的生活。而处在塔顶的人则是蒸蒸日上，发展前途不可限量。大量的人只能做普通的工作，有普通的收入，少数人在高层做决断，享受财富。然而人们往往忽视了，这些身处顶端的人，曾经也处在底部，他们是一步一步地攀上了金字塔的顶部。

为什么偏偏是他们达到了众人瞩目的高度呢？

而今全球最大的传媒帝国是默多克的信息传媒帝国。他是如何创造如此高的金字塔呢？

1952 年，默多克的父亲因病去世了，未满 22 岁的默多克接手了父亲的报业集团。

经过思考、转让、合并，默多克保住父亲的两份报纸。他又担任了《新闻报》和《星期日邮报》的出版人，兼并了《星期日时报》，而后收购了《镜报》，默多克决心以英国的《每日镜报》为榜样，办好这个报纸。

《镜报》的地位刚刚巩固下来，默多克又马不停蹄地扑向新的目标，他想创办一份全国性的报纸。这是默多克一直以来的愿望。而创办一份成功的全国性报纸，在大多数办报人心目中只不过是一场梦。但默多克决心梦想成真。他断定，一份严肃的全国性报纸一定会获得成功，它将会是《纽约时报》和《华尔街日报》的一种混合体。经过不懈努力，《澳大利亚人报》诞生了。

许多人称《澳大利亚人报》是默多克的另一面。因为这张刊载金融和政治事务的正儿八经的日报，同那些通俗的大众化小报形成了截然不同的两个极端。事实上这张报纸相当赔钱。为了荣誉，默多克一直坚持下去。直到15年之后，《澳大利亚人报》才开始盈利。

1968年，新婚不久的默多克登上了英伦三岛。一到英国，默多克自然就想到了那份著名的报纸——《每日镜报》，可是时机还不成熟，他转而把眼光瞄向了《世界新闻报》，经过一番周折，他掌握了报纸的主要股份。

默多克的报纸为迎合读者口味，采用耸人听闻的报道，这一点越来越受到一些人的批评。但默多克坚持强调，他只能为公众提供他们喜闻乐见的东西。他的报纸销量猛增而竞争对手一落千丈的事实，证明他的策略行之有效。

20世纪70年代，默多克又买下了《太阳报》，经过长达近一年的准备，默多克战胜了强劲的对手，购得了这份日报。而《太阳报》从此以裸体女郎、过激言论、体育报道作为自己的招牌。一年之内，发行量就从80万份猛增至200万份。80年代末期，这份报纸超过《每日镜报》，成为英国畅销的日报之一，成为默多克的“摇钱树”!

这次成功，使默多克成为了“百年不见的风云人物”。

默多克的行事作风与成就，很难让伦敦那些高傲而保守的人满意，有人诽谤他是个“澳洲乡下人”、“肮脏的掘地佬”……为此他十分恼火，因为，在他看来，英国人是傲慢的、摆架子的，而伦敦的《泰晤士报》就集中体现了这点。但它的悠久，虽然不赚钱，但却有着极高的地位和影响。

自从20世纪70年代以来，《泰晤士报》就遭到严重的经济危机，在这种处境艰难的时刻，默多克乘虚而入，成功收购。最终结束了报纸从不赚钱的历史。

到了20世纪80年代末期，默多克占有全英报纸发行量的35%，成为英国报业的执牛耳之人。

默多克永不会停止自己的脚步。人们期盼着默多克的下个行动，他扩张的下个对象是谁？

直到今天，默多克依然停不下他扩张的步伐。当别人以为他完成电影会停下来时，他又涉足了卫星电视领域、图书出版领域。默多克成功并不是一步登天的，即使他从一开始就有宽裕的环境，但他今天的成就是靠他一个一个目标实现，最后积累下来的。

人生哲理

按部就班做下去是实现任何目标唯一的聪明做法。我们无法一下子成功，只能一步一步走向成功。所谓优良的计划，就是自行确定的每个月的配额或清单。

信念让我们坚守

凡是伟大的人物从来不承认生活是不可改造的，他也许会对他当时所处的环境不满意，不过他的不满意不但不会使他抱怨和不快乐，反而使他充满一股热忱，想闯出一番事业来。

拿破仑的父亲是一个极高傲但是穷困的科西嘉贵族。父亲把拿破仑送进了一个在布列讷的贵族学校，在这里与他往来的都是一些在他面前极力夸耀自己富有而讥讽他穷苦的同学。这种一致讥讽他的行为，虽然引起了他的愤怒，而他却只能一筹莫展，屈服在威势之下。

后来实在受不住了，拿破仑写信给父亲，说道：“为了忍受这些外国孩子的嘲笑，我实在疲于解释我的贫困了，他们唯一高于我的便是金钱，至于说到高尚的思想，他们是远在我之下的。难道我应当在这些富有高傲的人之下谦卑下去吗?”

“我们没有钱，但是你必须在那里读书。”这是他父亲的回答，因此使他忍受了5年的痛苦。但是每一种嘲笑，每一种欺侮，每一种轻视的态度，都使他增加了决心，发誓要做给他们看看，他确实是高于他们的。他是如何做的呢?这当然不是一件容易的事，他一点也不空口自夸，他只心里暗暗计划，决定利用这些没有头脑却傲慢的人作为桥梁，去使自己得到技能、富有、名誉和地位。

等他到了部队时，看见他的同伴正在用多余的时间追求女人和赌博。而他那不受人喜欢的体格使他决定改变方针，用埋头读书的方法，去努力和他们竞争。读书是和呼吸一样自由的。因为他可以不花钱在图书馆里借书读，这使他得到了很大的收获。他并不是读没有意义的书，也不是专以读书来消遣自己的烦恼，而是为自己理想的将来做准备。他下定决心要让全天下的人知道自己的才华。

因此，在他选择图书时，也就是以这种决心为选择的范围。他住在一个既小又闷的房间内。在这里，他脸无血色，孤寂，沉闷，但是他却不停地读下去。他想象自己是一个总司令，将科西嘉岛的地图画出来，地图上清楚地指出哪些地方应当布置防范，这是用数学的方法精确地计算出来的。因此，他数学的才能获得了提高，这使他第一次有机会表示他能做什么。

他的长官看见拿破仑的学问很好，便派他在操练场上执行一些工作，这是需要极复杂的计算能力的。他的工作做得极好，于是他又获得了新的机会，拿破仑开始走上有权势的道路了。

这时，一切的情形都改变了。从前嘲笑他的人，现在都涌到他面前来，想分享一点他得到的奖励金；从前轻视他的人，现在都希望成为他的朋友；从前揶揄他是一个矮小、无用、死用功的人，现在也都改为尊重他。他们都变成了他的忠心拥戴者。

难道这是天才所造成的奇异改变吗?抑或是因为他不停地工作而得到的成功呢?他确实是聪明，他也确实是肯下工夫，不过还有一种力量比知识或苦工来得更为重要，那就是他那种想超过戏弄他的人的野心。

假使他那些同学没有嘲笑他的贫困，假使他的父亲允许他退出学校，他的感觉就不会那么难堪。他之所以成为这么伟大的人物，完全是由他的一切不幸造成的。他学到了坚定信念，坚持到底就是胜利的秘诀，他的心中有了目标，才让他一路从嘲笑中走来。

人生哲理

如果你想成功，就必须拥有坚定的信念，信念就是一个人想要做任何事情的未来。信念不是简单的坚持，它包括方向和动力，如果你的意志方向没有把握好，那很可能就会把你带入自卑的低谷，而如果你的方向是高尚崇高的，那行为结果很可能造就出一代伟人。

世上没有你做不成的

马尔比·D. 马布科克说：“最常见同时也是代价最高昂的一个错误，是认为成功有赖于某种天才，某种魔力，某些我们不具备的东西。”成功的要素其实掌握在我们自己的手中。成功是积极心态促使下的结果，一个人能飞多高，并非由人的其他因素决定，而是由他自己的心态所制约。

拿破仑·希尔年轻的时候，抱着一个当作家的雄心。要达到这个目标，他知道自己必须精于遣词造句，字词将是他的工具。但由于他小时候家里很穷，所接受的教育并不完整，因此，“善意的朋友”就告诉他，说他的雄心是“不可能”实现的。年轻的希尔存钱买了一本最好的、最完全的、最漂亮的字典，他所需要的字都在这本字典里面，而他的信念是完全了解和掌握这些字。但是他做了一件奇特的事：他找到“不可能”这个词，用小剪刀把它剪下来，然后丢掉，于是他有了一本没有“不可能”的字典。以后他把他整个的事业建立在这个前提上——那就是对一个要成长而且要成长得超过别人的人来说，没有任何事情是不可能的。

你要从你的心中把这个观念铲除掉。谈话中不提它，想法中排除它，态度中去掉他，抛弃他，不再为它提供理由，不再为它寻找借口，把这个字和这个观念永远的抛弃，而用光辉灿烂的“可能”来替代他。

汤姆·邓普西生下来的时候，只有半只脚和一只畸形的右手。父母从来不让他因为自己的残疾而感到不安。结果是任何男孩能做的事他也能做，如果童子军团行军10里，汤姆也同样走完10里。

后来他要踢橄榄球，他发现，他能把球踢得比任何在一起玩的男孩子远。他要人为他专门设计一只鞋子，参加了踢球测验，并且得到了冲锋队的一份合约。但是教练却尽量婉转地告诉他，说他“不具有做职业橄榄球员的条件”，促请他去试试其他的事业。最后他申请加入新奥尔良圣徒球队，并且请求给他一次机会。教练虽然心存怀疑，但是看到这个男孩这么自信，对他有了好感，因此就收了他。

两个星期之后教练对他的好感更深，因为他在一次友谊赛中踢出55码远得分。这种情形使他获得了专为圣徒队踢球的工作，而且在那一季中为他的球队获得了99分。然后到了最伟大的时刻，球场上坐了6万6千名球迷。球是在28码线上，比赛只剩下了几秒钟，球队把球推进到45码线上，但是根本就可以说没有时间了。“邓普西进场踢球。”教练大声说。

当汤姆进场的时候，他知道他的队距离得分线有55码远，由巴第摩尔雄马队毕特·瑞奇踢出来的。球传接得很好，邓普西一脚全力踢在球身上，球笔直地前进。但是踢得够远吗？6万6千名球迷屏住气观看，接着终端得分线上的裁判举起了双手，表示得了3分，球在球门根竿之上几英寸的地方越过，汤姆一队以19比17获胜。球迷狂呼乱叫为踢得最远的一球而兴奋，这是只有半只脚和一只畸形的手的球员踢出来的！

“真是难以相信。”有人大声叫，但是邓普西只是微笑。他想起他的父母，他们一直告诉他的是他能做什么而不是他不能做什么。他之所以创造出这么了不起的纪录，正如他自己说的：“他们从来没有告诉我我有什么不能做的。”

精神极度沮丧的时候，保持理智和乐观是很难的，但就是这样，才能真正显示我们究竟是怎样的人。什么时候最能显示一个人的真实才干呢？当他事事不顺遭人鄙弃，而仍能坚持的时候！

人生哲理

永远也不要消极地认定什么事情是不可能的，首先你要认为你能，再去尝试、再尝试，最后你就发现你确实能。

信念让我们勇于直面人生

在美国，“钻石大王”彼得森和他的“特色戒指公司”几乎无人不知，无人不晓。彼得森从16岁给珠宝商当学徒开始，白手起家，经历了令人难以想象的艰辛，最后一跃而成为享誉世界的“钻石大王”。

1908年，亨利·彼得森生于伦敦一个犹太人家庭。幼年时父亲便撒手人世，家庭生活的重担落在了母亲柔弱的肩上。迫于生计的压力，母亲携彼得森移居纽约谋生。在他14岁时，作为他生活支撑的母亲也因劳累过度一病不起，亨利不得不结束半工半读的学习生涯，到社会上做工赚钱，肩负起家庭生活的沉重负担。

当亨利·彼得森16岁的时候，他来到纽约一家小有名气的珠宝店当学徒。这家珠宝店的老板犹太人卡辛，是纽约最好的珠宝工匠之一。作为一个珠宝商，他在纽约上层社会的达官贵人和公子小姐中颇有声誉，他们对卡辛的名字就像对好莱坞电影明星一样熟悉。卡辛手艺超群，凡经过他亲手镶嵌的首饰都能赢得人们的赞誉并卖到很高的价钱。

但是卡辛作为珠宝店的老板，又是一个目中无人、言语刻薄的暴君，他对学徒的严厉简直到了暴虐的程度，珠宝店的学徒在他面前无不蹑手蹑脚、谨慎从事，唯恐自己的疏忽和过错惹怒了这个六亲不认的老板。

对于珠宝尤其是钻石的生产而言，最艰苦、最难以掌握的基本功莫过于凿石头。

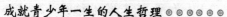

亨利上班第一天，卡辛给他安排的任务就是练习凿石头，开始了他炼狱般的学徒生涯。根据卡辛的“教诲”，一块拳头大小的石头，要求用手锤

和斧子打成10块尺寸相同的小石块，并规定不干完不许吃饭。亨利从没有干过这种活，看着这一块石头发呆良久，不知如何下手，唯恐一不小心招来老板的训斥和挖苦。但是他别无选择，只得硬着头皮干。

他先把大石头劈成10小块，然后以10块中最小的那块为标准，慢慢雕琢其他9块。虽说石头质地不是特别坚硬，但是层次非常分明，稍不小心就会把石头凿下一大块而前功尽弃，并招来老板的呵斥。

后来据亨利·彼得森讲，尽管老板非常苛刻，但也是为了让他们早日掌握打造石头的要领，因为对于钻石生产而言，打造石头是来不得半点含糊的基本功。老板也是借此来考验学徒们的意志，因为如果过不了这一关，是永远也不能成为成功的钻石商人的。学徒第一天下来，亨利腰酸背痛，四肢发软，眼睛发胀，但依然没能完成老板的任务。

以后的数天里，他简直变成了一台麻木的机器在那里机械地运转，整日挥汗如雨地在那里劈凿。但是后来成就了事业的亨利·彼得森对于卡辛还是充满了感激之情，说如果没有卡辛的严厉要求，他绝对不会成为一个成功的“钻石大王”。

母亲看着孩子日渐消瘦的面容和血迹斑斑的双手，实在不忍心让孩子受这种委屈与折磨。但她知道对于穷人家的孩子，除了靠吃苦谋生外别无选择。在母亲的感召下，亨利也别无选择，并且在心里燃烧起强烈的成功欲望。他相信自己受一些苦难与委屈，但最终能够学到这门手艺。

人生哲理

人生就像一块宝石，磨砺的次数越多，磨砺得越精美，其价值就越高。脚踏实地的不懈努力，一定会渡过难关，获得成功。

凡事要全力以赴

每个人都有惰性，而且善于为自己寻找借口。许多人做事凭着自己的三分钟热情，没有恒久的毅力，也没有吃苦耐劳的精神。做小事，这种热情绰绰有余；做事业，这种热情远远不足。做不成功，他还理直气壮地说："我已经尽力了"。

无论从事何种工作，一定要全力以赴、一丝不苟。能做到这一点，就不用为自己的前途操心。一个人要做一件事情的时候，就要全力以赴地去做，到最后，就算事情失败，也不会觉得问心有愧，也不需要找任何理由来掩饰自己的失败，更不会给自己留下遗憾。

马林只会说几句英语，他前往美国某家大型的餐饮连锁店应征。经理看他一副可怜兮兮的样子，起了怜悯之心，也就不因为他不会说英语，而拒绝给他工作的机会。经理顺口便问："刷洗厕所的工作，你愿意做吗？"

马林的态度很认真，勉强听懂了经理的话，连忙点头说道："好的！好的！谢谢你！谢谢你！"说完，便到总务那儿领了刷子和清洁剂，开始去清洗厕所。

说了也许难以令人相信，经过马林用力刷洗后的厕所，进去一看，所有瓷砖就好像镜子一样，亮晶晶地闪烁着光芒。

有一天，这家餐饮连锁店的总裁，到这家分店来巡视。经验丰富的总裁，根本不急着看店内的其他地方，而是径直便往厕所走去。

进了厕所，总裁很惊讶竟然是如此干净明亮。他巡视过的几百家分店，从没见过这么耀眼动人的厕所。

当下总裁马上询问经理，这厕所是谁打扫的？经理回答，是个新来的杂工马林。于是，总裁第一时间召见他，问他说："你的工作只是扫厕所，做出这样的成果，对你来说，会不会觉得太过分了？"

马林立刻回答："不会，我觉得很高兴啊！我认为厕所是每个人、每天都必须去好几次的地方，所以我愿意全力以赴地来刷洗，希望能让每一位使用厕所的人，都有心旷神怡的感觉。"

总裁一听之下，心想小事情都能做得这么好，如果让他当上经理，整个分店一定会更好。所以真的马上将他调职，到邻近业绩最糟糕的一家分店担任经理，果然，几个月后，马林负责的那个分店成为餐饮连锁店业绩最好的分店。

的确，凡事全力以赴，不仅能给自己带来满足的成就感以及无比的好运道，同时也能够影响到周遭的许多人，让他们也可以拥有赏心悦目的激励。

不管做什么事情，最终都会在生命旅程里留下沉淀的东西，在你将来生活的某一刻发挥出意想不到的作用，对你将来的工作，都是有帮助的。如果在每一个阶段，你留下的印记都不清晰，那么，这段生命对你而言，有什么意义？假如你一辈子都没有找到所谓你想做的事呢？那你一辈子岂不是稀里糊涂地就过完了？老的时候，你会怎样的后悔呢？认真对待今时今日每一刻，才是对自己生命的珍惜。

人生哲理

凡事一定要全力以赴，这是一种人生态度，而态度是养成的，一旦养成了全力以赴的态度，人其实是很容易成功的。

只要永不屈服就不会失败

有位著名科学家说过：看似不可克服的困难，往往是新发现的预兆。

在克里米亚战争中，一枚炮弹破坏了一座花园般的城堡，却炸出了一个泉眼，汩汩清泉喷涌而出，这里后来成了著名的喷泉景区。挫折也是这样，它暂时破坏我们的心灵，却激发奋斗的泉水。

别人都已放弃，自己还在坚持；别人都已退却，自己仍然向前；看不见光明、希望却仍然孤独、坚韧地奋斗着，这才是成功者的素质。

爱迪生研究电灯时，工作难度出乎意料地大，1600种材料被他制作成各种形状，用做灯丝，效果都不理想，要么寿命太短，要么成本太高，要么太脆弱，工人难以把它装进灯泡。全世界都在等待他的成果，半年后人们失去耐心了，纽约《先驱报》说：“爱迪生的失败现在已经完全证实，这个感情冲动的家伙从去年秋天就开始电灯研究，他以为这是一个完全新颖的问题，他自信已经获得别人没有想到的用电发光的办法，可是，纽约的著名电学家们都相信，爱迪生的路走错了。”

爱迪生不为所动。英国皇家邮政部的电机师普利斯在公开演讲中质疑爱迪生，他认为把电流分到千家万户，还用电表来计量是一种幻想。爱迪生继续摸索。人们还在用煤气灯照明，煤气公司竭力说服人们：爱迪生是个吹牛不上税的大骗子。就连很多正统的科学家都认为他在想入非非，有人说：“不管爱迪生有多少电灯，只要有一只寿命超过 20 分钟，我情愿付 100 美元，有多少买多少。”有人说：“这样的灯，即使弄出来，我们也点不起。”他毫不动摇。在投入这项研究一年后，他造出了能够持续照明 45 小时的电灯。

或许你往事不堪回首；或许你没有取得期望的成功；或许你失去至爱亲朋，失去企业，甚至住房；或许你因病不能工作，意外事故剥夺你行动的能力，然而，即使你面对这一切的不幸，你也不能屈服！

你或许会说，你经历过太多的失败，再努力也没有用，你几乎不可能取得成功。这意味着你还没有从失败的打击中站立起来，就又受到了打击。这简直毫无道理！

如果你是一位强者，如果你有足够的勇气和毅力，失败只会唤醒你的雄心，让你更强大。比彻说：“失败让人们的骨骼更坚硬，肌肉更结实，变得不可战胜。”

杰出的鸟类学家奥杜邦在森林中刻苦工作了多年，精心制作了二百多副鸟类图谱，它们极具科学价值，但是度假归来后，他发现这些画都被老鼠糟蹋了。回忆起这段经历，他说：“强烈的悲伤几乎穿透我的整个大脑，我连着几个星期都在发烧。”但当他身体和精神得到一定恢复后，他又拿起枪，背起背包，走进丛林，从头开始。

只要永不屈服，就不会失败。不管失败过多少次，不管时间早晚，成功总是可能的。对于一个没有失掉勇气、意志、自尊和自信的人来说，就不会有失败，他最终是一个胜利者。

我们都很熟悉卡莱尔在写作《法国革命史》时遭遇的不幸。他经过多年艰苦劳动完成了全部文稿，他把手稿交给最可靠的朋友米尔，希望得到一些中肯的意见。米尔在家里看稿子，中途有事离开，顺手把它放在了地板上。谁也没想到女仆把这当成废纸，用来生火了。

这呕心沥血的作品，在即将交付印刷厂之前，几乎全部变成了灰烬。卡莱尔听说后异常沮丧，因为他根本没留底稿，连笔记和草稿都被他扔掉了，这几乎是一个毁灭性的打击。但他没有绝望，他说："就当我把作业交给老师，老师让我重做，让我做得更好。"然后他重新查资料、记笔记，把这个庞大的作业又做了一遍。

对于一个真正的强者来说，失败根本不值一提。那仅仅是一个小小的插曲，是他事业中的一点小麻烦，并不重要。一个真正强者的头脑中根本不存在失败的概念。不管什么样的打击和失败降临，一个真正坚强的人都能够从容应对，做到临危不乱。当暴风雨来临，软弱的人屈服了，而真正坚强的人镇定自若，胸有成竹。

人生哲理

一个人除非学会清除前进路上的绊脚石，不惜一切代价去克服成功路上的障碍，否则他将会一事无成。通往成功路上的最大障碍就是自己。只要永不屈服就不会失败。

信念是内在驱动力

托马斯·爱迪生试验超过2000次以上才发明了灯泡时，有一位年轻的记者问他失败了这么多次的感想，他说："我从未失败过一次。我发明了灯泡，而整个发明的过程刚好有2000个步骤。"这就是信念。指引爱迪生发明灯泡的正确的信念。

鲁西南深处有一个小村子叫姜村，这个小村子因为每一年都要有几个人考上大学、硕士甚至博士而闻名遐迩。方圆几十里以内的人们没有不知道姜村的，人们会说，就是那个出大学生的村子。久而久之，人们不叫姜村了，大学村成了姜村的新村名。

姜村只有一所小学校，每一个年级一个班。以前的时候，一个班只有十几个孩子。现在不同了，方圆十几个村，只要与村里有亲戚的，都千方百计把孩子送到这里来，人们说，把孩子送到姜村，就等于把孩子送进大学了。

在惊叹姜村奇迹的同时，人们也都在问，都在思索。是姜村的水土好吗？是姜村的父母掌握了教孩子秘诀吗？还是别的什么？

假如你去问姜村的人，他们不会告诉你什么，因为他们对于秘密似乎也一无所知。

在二十多年前，姜村小学调来了一个 50 多岁的老教师，听人说这个教师是一位大学教授，不知什么原因被贬到了这个偏远的小村了。这个老师教了不长时间以后，就有一个传说在村里流传。这个老师能掐会算，他能预测孩子的前程。有的孩子回家说，老师说了，我将来能成数学家；有的孩子说，老师说了，我将来能成作家；有的孩子说，老师说，将来我能成音乐家；有的说，老师说我将来能成钱学森那样的人，等等。

不久，家长们又发现，他们的孩子与以前不大一样了，他们变得懂事而好学，好像他们真的是数学家、作家、音乐家的材料了。老师说会成为数学家的孩子，对数学的学习更加刻苦，老师说会成为作家的孩子，语文成绩更加出类拔萃。孩子们不再贪玩，不用像以前那样严加管教，孩子也都变得十分自觉。因为他们都被灌输了这样的信念：他们将来都是杰出的人，而有好玩、不刻苦等恶习的孩子都是成不了杰出人才的。

家长们很纳闷，也将信将疑，莫非孩子真的是大材料，被老师道破了天机？

就这样过去了几年，奇迹发生了。这些孩子到了参加高考的时候，大部分都以优异的成绩考上了大学。

这个老师在姜村人的眼里变得神乎其神，他们让他看自己的宅基地，测自己的命运。可是这个老师却说，他只会给学生预测，不会其他的。

这个老师年龄大了，回了城市，但他把预测的方法教给了继任的老师，继任的老师还在给一级一级的孩子预测着，而且，他们坚守着老教师的嘱托：不把这个秘密告诉给村里的人们。那些学生们从考上大学的那一刻起，对于这个秘密就恍然大悟了，但他们这些人又都自觉地坚守起了这个秘密。

听说完这个故事，我们应该被这位可敬的老师感动着。人世间还有什么力量能超过信念的力量呢？他通过中国最传统的方式，在这些幼小孩子的心灵里栽种了信念啊！

可见正确的信念之下，才能产生强大的力量。

人生哲理

信念，是蕴藏在心中的一团永不熄灭的火炬。信念，是保证一生追求目标成功的内在驱动力。信念的最大价值是鼓励人对美好事物孜孜以求。

为自己插上成功的翅膀

成就平平的人往往是善于发现困难的天才，善于在每一项任务中都看到困难。他们莫名其妙地担心，使自己丧尽勇气。一旦开始行动，就开始寻找困难，时时刻刻等待困难出现。当然，最终他们发现了困难，并且为困难所击败。

他们善于夸大困难，缺少必胜的决心和勇气。即使为了赢得成功，也不愿意牺牲一点点安乐和舒适作为代价。总是希望别人能帮助他们，给他们支持。

如果机遇总是不曾垂青他，他总是找不到自己喜欢做的事，那他就承认自己不是环境的主人，他不得不向困难低头，因为他没有足够的力量。那些只看到困难的人有一个致命弱点，就是没有坚强的意志去驱除障碍。他没有下定决心去完成艰苦工作的意愿。他渴望成功，却不想付出代价。他习惯于随波逐流，浅尝辄止，贪图安乐，胸无大志。

这些人似乎戴着一副有色眼镜。除了困难什么也看不见。他们前进的路上总是充满了“如果”、“但是”、“或者”和“不能”。

一个会取得成功的年轻人也会看到困难，但却从不惧怕，因为相信自己能战胜，他相信勇往直前的勇气能扫除一切障碍。

莫泊桑13岁那年，考入了里昂中学，他的老师布耶是当时著名的巴那斯派诗人。布耶发现莫泊桑颇有文学才能，就把他介绍给福楼拜。

福楼拜是世界闻名的作家，当时在法国享有崇高的声誉。他看了看莫泊桑的作品，对他说："孩子，我不知道你有没有才气。在你带给我的东西里表明你有某些聪明，但是，你永远不要忘记，照布封（法国作家）的说法，才气就是坚持不懈，你得好好努力呀！"

莫泊桑点点头，把福楼拜的话牢牢记在心里。

福楼拜想考一考莫泊桑的观察能力和语言功底。一天，福楼拜带莫泊桑去看一家杂货铺，回来后要莫泊桑写一篇文章，要求所写的货商必须是杂货铺的那个货商，所写的事物只能用一个名词来称呼，只能用一个动词来表达，只能用一个形容词来描绘，并且所用的词，应是别人没有用过甚至是还没有被人发现的。

多苛刻的要求啊！但莫泊桑理解福楼拜的良苦用心，他写了改，改了写，反反复复，努力朝福楼拜提出的要求奋斗着。

在福楼拜的严格要求下，莫泊桑的学业进步飞快。后来，他就写剧本和小说了，写完就请福楼拜指点，福楼拜总是指出一大堆缺点。莫泊桑修改后要寄出发表，但是福楼拜总是不同意，并且告诉他，不成熟的作品，不要寄往刊物上发表。

刚开始，莫泊桑唯命是从，福楼拜不点头，他就把文稿放在柜子里。慢慢地，文稿竟堆起来有一人多高，莫泊桑开始怀疑：福楼拜是不是在有心压制自己？

一天，莫泊桑闷闷不乐，到果园去散心。他走到一棵小苹果树跟前，只见树上结满了果子，嫩嫩的枝条被压得贴着了地面，再看看两旁的大苹果树，树上虽然也果实累累，但枝条却硬朗朗地支撑着。这给了他一个启示：一个人，在"枝干"未硬朗之前，不宜过早地让他"开花结果"，"根深叶茂"后，是不愁结不出丰硕的"果实"来的。从此，他更加虚心地向福楼拜学习，决心使自己"根深叶茂"起来。

1880年，莫泊桑已经到"而立之年"了。一天，他拿着小说《羊脂球》向福楼拜请教。福楼拜看后拍案叫绝，要他立即寄往刊物上发表，果然，《羊脂球》一面世，立即轰动了法国文坛，莫泊桑顿时成为法国文学界的新闻人物，同时，他也登上了世界文坛。

人生哲理

信念可以超越困难，可以突破阻挠，可以粉碎障碍。信念最终会让你达到自己的理想。其实，很多看似不可能的工作，你坚持勇敢地接受，便可以完成。莫泊桑不怕福楼拜的苛求，一遍又一遍地修改，最终使他的作品成为传世佳作。

在逆境中微笑

一个能够在逆境中微笑的人，要比一个一面临艰难困苦，勇气就崩溃的人伟大得多。一个能够在一切事情与他的愿望相悖时微笑的人，是胜利的候选者，因为这种心态，普通人是很难有的。

忧郁、阴沉、颓废的人，在社会上不受人重视。没有人愿意同他待在一起；每个人见了他，都只是看看他，然后就会离开他。

我们不喜欢忧郁、阴沉的人，正像我们不喜欢给我们不调和印象的画一样。我们会本能地趋向于那些和蔼可亲、幽默风趣的人。我们要使人家喜欢我们，首先要使自己变得和蔼可亲和乐于助人。

人不应该把自己降为感情的奴隶，更不应把全盘的生命计划、重要的生命问题，都去同感情商量。无论你遭遇的事情是怎样不顺利，你都应努力去支配你的环境，把你自己从不幸中解脱出来。如果你背向黑暗，面对光明，阴影就会留在后面。

一切学问中的学问，就是怎样去肃清我们心中的敌人——平安、快乐和成功的敌人。时时学习集中我们的心于美而不是丑，真而不是伪，和谐而不是混乱，生而不是死，健康而不是疾患——这是人生必修的一门功课。

假如你能够绝对拒绝那些夺去你快乐的魔鬼；假如你能紧闭你的心扉，而不让它们闯入；假如你能明白，这些魔鬼的存在，只是你自己为它们提供了方便，那么它们就不会再光顾你。努力培养愉快的心情。假如你本来没有这种心情，只要你能努力，不久就会具有这种心情了。

一位神经科专家告诉人们，他发明了一个治疗忧郁病的新方法。他劝告他的病人，在任何环境下都要笑。强迫自己，无论心中喜欢不喜欢，都要笑。“笑吧！”他对病人说，“连续着笑吧！不要停止你们的笑！最低限度，试着把你们的嘴角向上翘起。这样不停地笑时，看你感觉怎样！”他就用这种疗法治愈了他的病人。

把忧郁在数分钟之内驱逐出心境，这在一个精神良好的人是完全可能做到的。但多数人的缺点就在不肯放开心扉，不让愉快、希望、乐观的阳光照进，相反却紧闭心扉想以内在的能力驱除黑暗。他们不知道外面射入的一缕阳光会立刻消除黑暗，驱出那些只能在黑暗中生存的心魔！

在你感觉到忧郁、失望时，你应当努力适应环境。无论遭遇怎样，不要反复想到你的不幸，不要多想目前使你痛苦的事情。要想那些最愉快最欣喜的事情，要以宽厚亲切的心情对待人，要说那些最和蔼、最有趣的话，要以最大的努力来制造快乐，要喜欢你周围的人。这样，你很快就会经历一个神奇的精神变化，遮蔽你心田的黑影将会逃走，而快乐的阳光将照耀你的全部生命。

你可尝试着走进最有趣的社交圈，寻求一些可以使你发笑，使你高兴的无邪的娱乐。这是精神的更新，这种精神的更新，有时能在同家中的孩子玩耍时找到，有时能在戏院中找到，有时能在有趣的对话中找到，有时能在埋头于一本有趣或激励的书中找到，有时能在睡眠中找到。

田野也是一个很好的精神更新者与忧闷的治疗者，有时花上一两个小时在阳光下的田野里散步，就可以改善你的精神状态。

改善精神状态后你会发现，忧闷的毒害可以被抵消，颓废的空气可以被改变。你会感觉到自己像换了一个新人一样。

笑是精神生活的阳光。没有阳光，万物皆不会存在或成长。你得学会善意的幽默，并且开怀大笑，在笑声中观察五彩缤纷的真实生活。

丘吉尔曾说："我认为，除非你理解世上最令人发笑的趣事，否则你便不能解决最为棘手的难题。"

贝特丽丝·伯恩斯坦已70多岁了，她两度寡居，但她仍尽情地生活——探望儿孙，读书旅行，义务演出，过着快乐的一生。

"我已经过了生命的巅峰，但仍然享受下坡的快乐，做了快9年的寡妇，我为自己创造了一个充实且愉快的生活。我在亚利桑那州立大学一起修课的同学，在我第二任丈夫1982年死于结肠癌时，成为我的支持团体。

"借助青年旅行的计划，我和同龄人一起环游世界，他们和我有同样嗜好，也需要伙伴。自退休后，我所进行的最有价值的计划，就是参加'圣约之子'为以色列'活跃退休者'所举办的为期三个月的节约活动。活动中，我在内坦亚东正教看护中心担任祖母的角色，要照顾从18个月到3岁的小孩。没错，有时工作很烦很累，但是能提供服务，付出爱以及得到爱，这为我带来一种就像照顾自己亲生孩子般的快感。"

在伯恩斯坦太太76岁生日时，满屋的朋友共同举杯祝福她："祝您活到120岁！"伯恩斯坦太太的笑绽开了额头的皱纹："我也许刚好可以活到那么老，就剩下44岁了。"

看，生活就这么简单，就跟笑一样简单！

人生哲理

笑吧，为笑而笑，这就是笑的理由。其实，你并不要为笑寻找理由。只要笑，就足够了，生活中最为珍贵的礼物——笑，它让你生活充满阳光。

把"我不能"埋葬

唐娜所带的小学四年级和契克·默门以往所看过的差不多。教室里，学生坐了5排，每排有6个位子。而老师的桌子则放在教室的最前面，面对着学生。公布栏上贴着学生的作业。大体看起来，是个典型的小学生教室。但契克第一次走进去时，总觉得有些不寻常，仿佛有件神秘的事要发生。

唐娜是密西歇根小学的资深老师，再过两年便要退休了。她志愿参加契克所组织策划的全市教职员在职训练。这个训练主要是借着一些表达的方式来鼓励学生对自己有信心，进而爱惜自己的生命。唐娜的工作则是借着参与训练进而将这些理念实现，至于契克所要做的，则是去访查并鼓励这些活动。

契克在班级后面的一个空位子坐下来。每个学生都乖乖地坐在位子上，绞尽脑汁在纸上写着。有个小朋友偷偷告诉契克，她要在纸上填写所有她自认“做不到”的事情。

她的纸上写着：“我无法将足球踢过第二条底线。”

“我不会做三位数以上的除法。”

“我没办法让黛比喜欢我。”

她非常认真地填写，即使已写了半张纸，她仍旧没有停下来的意思。

契克沿着各排巡视每个学生，每个人都在纸上写下他们所不能做的事。诸如：

“我没法做 10 次的仰卧起坐。”

“我发球无法超过前边的球网。”

“我不能只吃一块饼干就停止。”

此时，整个活动引起契克的好奇心，所以他决定去看看唐娜在做些什么。

契克接近她的时候，发现她也忙着填写。契克想还是不要打扰她的好。

“我无法让约翰的母亲来参加母子会。”

“我无法不用体罚好好管教亚伦。”

在契克的心里是反对学生和老师如此专注于消极的一面，而不去看积极的那一面，诸如“我能做”这一类的。但契克仍回到后面的位子，坐下来继续观察。

学生大约又写了 10 分钟。大部分填满了一整张纸，甚至有人开始了下页。

唐娜告诉学生，完成现在在写的这一张。并指示学生将纸对折，交到前面来。学生依次来到老师的桌子前，把纸张投入一个空的鞋盒内。

把所有学生的纸张收齐之后，唐娜把自己的也投进去。她把盒子盖上，塞在腋下，带头走出教室，沿着走廊走。学生跟着老师走了出去，而契克则尾随其后。

走到一半，整个行列停了下来。唐娜进入守卫室，找寻铁铲、铁锹。她一手拿着盒子，另一手拿着铁锹，带领大家到运动场最远的角落边，大家开始挖了起来。

原来，他们打算埋葬“我不能”。整个挖掘过程历时 10 分钟，因为每个孩子要轮流挖。直到洞有 3 尺深的时候，他们将盒子放好，立刻用泥土把盒子完全埋葬。

30 个十多岁的小孩，围绕着这刚埋好的“墓地”，里面埋着所有每一个“力不能胜”的事情，把这些深深地埋藏在 3 尺的泥土下。

此时唐娜开口了：“小朋友，现在手牵手，低头默哀。”学生很快地牵手围绕墓地成了一个圆圈，低下头来等待，唐娜则念出一段颂词。

“各位朋友，今天很荣幸能邀请各位来参加‘我不能’先生的葬礼。他在世的时候，参与我们的生命，甚至比任何人影响我们还深。他的名字，我们几乎天天挂在嘴边，出现在各种场合，如学校、市政府、议会、甚至白宫。

“现在，希望‘我不能’先生能平静安息，并为他立下墓碑，上面刻着墓志铭。死者已矣，来者可追，希望您的兄弟姊妹‘我可以’、‘我愿意’能继承您的事业。虽然他们不如您来得有名、有影响力。如果您地下有知，请帮助他们，让他们对世界更有影响力。

“愿‘我不能’先生安息，也希望他的死能鼓励更多人站起来，向前迈进。阿门!”

契克想：听完这段颂词之后，孩子们是永远不会忘记这一天的。这个活动是这样具有象征性，这样意义深远。这个特别的正面鼓励将深刻在每个孩子的心灵上。

写上“我不能”，埋葬它，聆听颂词。老师完成了大部分的活动，但现在还没结束。她带领学生回到教室。

大家一齐吃饼干、爆米花、果汁，庆祝他们越过了“我不能”的心结。唐娜则用纸剪下墓碑形状，上面写着“我不能”，中间加上“安息吧！”再把日期填上。

这个纸墓碑挂在唐娜的教室里。每当有学生无意说出“我不能……”这句话的时候，唐娜只要指着这个象征死亡的标志。孩子们便会想起“我不能”已经死了，进而想出积极的解决方法。

克里曼特·斯通指出：“美好的生命态度就像软木，它能帮你浮起；不良的态度就像铅块，它会让你下沉。”

人生哲理

一个人的成败关键是心中有没有自信，只要相信你能成功，你就会赢得成功，如果你相信你能，你就能，信念决定命运。如果一个人相信英勇的事情，他就会成为英雄。

一次只做一件事

只要我们一次只专心地做一件事，全身心地投入并积极地希望它成功，这样我们就不会感到精疲力竭。不要让我们的思维转到别的事情、别的需要或别的想法上去，专心于我们正在做着的事。选择最重要的事先做，把其他的事放在一边。做得少一点，做得好一点，我们就会得到更多的收获。

美国一位著名心理学家认为：现代人之所以活得很累，心里很容易产生挫折感和种种焦虑，甚至不快，是因为迷失和被淹没在各种目标中的结果。

现代人常把自己的思绪搞得一团乱，却很少有人进行必要的自我调节。在这种混乱的生活状态中，人的内心渐渐失去平衡，变得没有条理，生活的目的也跟着盲目起来。他们不知道自己所为何来，也不知道自己终将怎样。

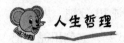

他们的想法很多，却不知从何着手。他们的思维混乱，长久下去便会产生心理疾病，从而又影响到了健康。人如果总是这样，就没有幸福可言，并会失去最主要的东西，并丢掉眼前的一些机会，变成“为明天而明天”的生活痛苦者。

有这样一个故事：有两个学生拜奕秋为师学习下棋。其中一个学生每次听课都全神贯注，一心一意地听奕秋讲解棋道；而另一个学生虽然很聪明，但上课时总是心不在焉，而且他今天想学下棋，明天又想学画画，不时地有新想法冒出来。

一次上课时，有一群天鹅从他们头上飞过，那个专心的学生连头都没有抬一下，浑然不觉。而心不在焉的学生虽然看着也像是在那里听，但心里却想着拿了箭去射天鹅，而且想着有一天要做一名出色的弓箭手。若干年后，那位专心致志的学生成了一名出色的棋手，而另一位呢，却一事无成。

一般情况下，人对生活的迷失都是所要或所想的太多，而又一时达不到目标造成的。这种想法使很多人不能将精力专注于一项事业，他们总是目标多多，反而错过了许多近在眼前的景色，丢掉了一些可以马上把握的机会。人无法专注，总是做着这件事，又想着那件事，结果什么都做不好。内心的挫折感不断加大，结果只能是脚步匆匆，再也没有宁静。

一个人的精力是有限的，把精力分散在好几件事情上，不是明智的选择，而是不切实际的考虑，因为在通常状况下，这几件事情都不会做得很好。而如果每次我们专心地只做好一件事，精力便能够集中，也必定有所收益。等这件事做完后，再去做下一件事，这样我们每件事都能够做得很好了。

大凡成功人士，都能专注于一个目标。林肯专心致力于解放黑人奴隶，并因此使自己成为美国最伟大的总统。伊斯特曼致力于生产柯达相机，这为他赚进了数不清的金钱，也为全球数百万人带来了不可言喻的乐趣。

人生哲理

每天花一点点时间问一下自己的内心：你真正想要的是什么？什么才是你人生中最主要的？慢慢地，你会发现，那些遥远的不切实际的东西都是你行动的累赘，而那些离你最近的事物才是你的快乐所在。把精力集中在最能让你快乐的事情上，别再胡思乱想偏离正确的人生轨道。

创造超越自我的奇迹

“生活中有一条颠扑不破的真理，”英国哲学家约翰密尔说，“不管是最伟大的道德家，还是最普通的老百姓，都要遵循这一准则，无论世事如何变化，也要坚持这一信念。它就是，在充分考虑到自己的能力和外部条件的前提下，进行各种尝试，找到最适合自己做的工作，然后集中精力、全力以赴地做下去。”

有这么一个寓言故事：很久以前，有一位猎人带着猎狗在树林里打猎。一天，猎人发现了一只野兔，举枪射击，打中了兔子的一条腿，受伤的兔子慌忙而逃。猎人向猎狗打了个手势：“你去把兔子抓回来。”得到主人的命令，训练有素的猎狗如箭一般追向那只逃跑的兔子。猎狗速度飞快，它的身手是那样的敏捷。兔子没命地飞奔，根本看不出它已经受伤。兔子跑啊跑，猎狗追啊追。后来，猎狗空手回到主人身旁。猎人见它一无所获，愤怒地骂道：“没用的东西，连一只受伤的兔子都抓不到，今晚别想吃晚餐了！”猎狗感到很委屈，辩解道：“我虽然没能抓到兔子，可我已经尽力而为了呀！”

那只受伤的兔子逃回窝中，伙伴们为它死里逃生而感到惊奇。它们好奇地问：“猎狗速度这么快，你居然还能逃脱，真是太不可思议了！”惊魂未定的兔子说：“猎狗如果抓不住我，顶多被主人骂一顿，所以，它追我只是尽力而为；可我如果被它抓住，小命就没有了，所以我逃跑是全力以赴呀！”

这个故事告诉我们，做人做事尽力而为是不够的，我们一定要全力以赴，用必胜的心去扫清一切障碍，用必胜的心才能更好发挥你的潜能。只有全力以赴，才能自我超越，实现人生的自我价值。不管任何时候，一旦你认定一件事情值得去做，就一定要全力以赴地去做，尽全力把它做到最好，不要给自己留下遗憾。

人生哲理

只有下了决心干一件事情，并且全力以赴，那么一切障碍都有可能被克服。一个绝境就是一次挑战、一次机遇，也许你会因此创造超越自我的奇迹。

信念主宰命运

你或许会认为自己太差劲，能成就一番事业的机会和概率微乎其微，但是，问题的关键并不在于你现在的地位是多么的卑微或者从事的工作是多么的微不足道，只要你有强烈的进取心，只要你不局限于狭小的圈子，只要你渴望着有朝一日成为万众瞩目的人物，只要你希冀着攀登上成功的巅峰并愿意为此付出切实有效的努力，那么任何障碍都阻挡不了你成功的步伐。

5 年前，斯蒂芬·阿尔法经营的是小本农具买卖。他过着平凡而又体面的生活，但并不理想。他一家的房子太小，也没有钱买他们想要的东西。阿尔法的妻子并没有抱怨，很显然，她只是安于天命而并不幸福。

阿尔法的内心深处变得越来越不满。当他意识到爱妻和他的两个孩子并没有过上好日子的时候，心里就感到深深的刺痛。

但是今天，一切都有了极大的变化。现在，阿尔法有了一所占地 2 英亩的漂亮新家。他和妻子再也不用担心能否送他们的孩子上一所好的大学了，他的妻子在花钱买衣服的时候也不再有那种犯罪的感觉了。明年夏天，他们全家都将去欧洲度假，阿尔法过上了真正幸福的生活。阿尔法说："这一切的发生，是因为我树立了信念。"

"5 年以前，我听说在底特律有一个经营农具的工作。那时，我们还住在克利夫兰。我决定试试，希望能多挣一点钱。我到达底特律的时间是星期天的早晨，但公司与我面谈还得等到星期一。晚饭后，我坐在旅馆里静思默想，突然觉得自己是多么的可憎。‘这到底是为什么！’我问自己，‘失败为什么总属于我呢？’”

阿尔法不知道那天是什么促使他做了这样一件事：他取了一张旅馆的信纸，写下几个他非常熟悉的在近几年内远远超过他的人的名字。他们取得了更多的权力和工作职责。其中两个原是邻近的农场主，现已搬到更好的边远地区去了；其他两位阿尔法曾经为他们工作过；最后一位则是他的妹夫。

阿尔法问自己：“是什么使这5位朋友拥有如此优势呢？”他把自己的智力与他们作了一个比较，阿尔法觉得他们并不比自己更聪明；而他们所受的教育，他们的正直、个人习性等，也并不拥有任何优势。终于，阿尔法想到了另一个成功的因素，即主动性。阿尔法不得不承认，他的朋友们在这点上胜他一筹。

当时已快深夜3点钟了，但阿尔法的脑子却还十分清醒。他第一次发现了自己的弱点。他深深地挖掘自己，发现缺少主动性是因为在内心深处，他并不看重自己。

阿尔法坐着度过了残夜，回忆着过去的一切。从他记事起，阿尔法便缺乏自信心，他发现过去的自己总是在自寻烦恼，自己总对自己说不行，不行，不行！他总在表现自己的短处，几乎他所做的一切都表现出了这种自我贬值。

终于阿尔法明白了：如果自己都不信任自己的话，那么将没有人信任你！

于是，阿尔法做出了决定：“我一直都是把自己当成一个二等公民，从今后，我再也不这样想了。”

第二天上午，阿尔法仍保持着那种自信心。他暗暗以这次与公司的面谈作为对自己自信心的第一次考验。在这次面谈以前，阿尔法希望自己有勇气提出比原来工资高750甚至1000美元的要求。但经过这次自我反省后，阿尔法认识到了他的自我价值，因而把这个目标提到了3500美元。

结果，阿尔法达到了目的。他获得了成功。

对于年轻人来说，不管现在他多么贫穷或者多么笨拙，只要他有着积极进取的心态和更上一层楼的决心，我们就不应该对他失去信心。对于一个渴望着在这个世界上立身扬名、成就一番事业的人来说，任何东西都不是他前进的障碍。

人生哲理

不管我们所处的环境是多么的恶劣，也不管我们面临艰难险阻，我们的心中只要有着一股永不认输的信念，那么我们就能战胜挡在我们面前的一切。

给自己的人生定一个目标

伽利略 1564 年生于意大利的比萨城，就在著名的比萨斜塔旁边。他的父亲是个破产贵族。当伽利略来到人世时，他的家庭已经很穷了。17 岁那一年，伽利略考进了比萨大学。在大学里，伽利略不仅努力学习，而且喜欢向老师提出问题，哪怕是人们司空见惯、习以为常的一些现象，他也要打破砂锅问到底。

有一次，他站在比萨的天主教堂里，眼睛盯着天花板，一动也不动。他用右手按左手的脉搏，看着天花板上来回摇摆的灯。他发现，这灯的摆动虽然是越来越弱，以至每一次摆动的距离渐渐缩短，但是，每一次摇摆需要的时间却是一样的。于是，伽利略做了一个适当长度的摆锤，测量了脉搏的速度和均匀度。从这里，他找到了摆的规律。钟就是根据他发现的这个规律制造出来的。

家庭生活的贫困，使伽利略不得不提前离开大学。失学后，伽利略仍旧在家里刻苦钻研数学。由于他的不断努力，在数学的研究中取得了优异的成绩。同时，他还发明了一种比重秤，写了一篇论文，题目为《固体的重心》。此时，21 岁的伽利略已经名闻全国，人们称他为“当代的阿基米德”。在他 25 岁那年，比萨大学破例聘他当了数学教授。

在伽利略之前，古希腊的亚里士多德认为，物体下落的快慢是不一样的。它的下落速度和它的重量成正比，物体越重，下落的速度越快。比如说，10 千克重的物体，下落的速度要比 1 千克重的物体快 10 倍。

1700 多年前以来，人们一直把这个违背自然规律的学说当成不可怀疑的真理。年轻的伽利略根据自己的经验推理，大胆地对亚里士多德的学说提出了疑问。经过深思熟虑，他决定亲自动手做一次实验。他选择了比萨斜塔做实验场。

这一天，他带了两个大小一样但重量不等的铁球，一个重 100 磅，是实心的；另一个重 1 磅，是空心的。伽利略站在比萨斜塔上面，望着塔下。塔下面站满了前来观看的人，大家议论纷纷。

有人讽刺说："这个小伙子的神经一定是有病了！亚里士多德的理论不会有错的!"实验开始了，伽利略两手各拿一个铁球，大声喊道："下面的人们，你们看清楚，铁球就要落下去了。"

说完，他把两手同时张开。人们看到，两个铁球平行下落，几乎同时落到了地面上。所有的人都目瞪口呆了。伽利略的试验，揭开了落体运动的秘密，推翻了亚里士多德的学说。这个实验在物理学的发展史上具有划时代的重要意义。

哥白尼是波兰杰出的天文学家，他经过 40 年的天文观测，提出了"日心说"的理论。他认为宇宙的中心是太阳，而不是地球。地球是一个普通的行星，它在自转的同时还环绕太阳公转。伽利略很早就相信哥白尼的"日心说"。1608 年 6 月的一天，伽利略找来一段空管子，一头嵌了一片凸面镜，另一头嵌了一片凹面镜，做成了世界上第一个小天文望远镜。

实验证明，它可以把原来的物体放大 3 倍。伽利略没有满足，他进一步改进，又做了一个。他带着这个望远镜跑到海边，只见茫茫大海波涛翻滚，看不见一条船。可是，当他拿起望远镜往远处再看时，一条船正从远处向岸边驶来。实践证明，它可以放大 8 倍。伽利略不断地改进和制造着，最后，他的望远镜可以将原物放大 32 倍。

每天晚上，伽利略都用自己的望远镜观看月亮。他看到了月亮上的高山、深谷，还有火山的裂痕。后来又开始观看太空，探索宇宙的奥秘。他发现，银河是由许多小星星汇集而成的。他还发现，太阳里面有黑斑，这些黑斑的位置在不断地变化。由此他断定，太阳本身也在自转。伽利略埋头观察，以无可辩驳的事实，证明地球在围着太阳转，而太阳不过是一个普通的恒星，从而证明了哥白尼学说的正确。1610 年，伽利略出版了著名的《星空使者》。人们佩服地说："哥伦布发现了新大陆，伽利略发现了新宇宙。"

我们每个人都有理想，很多情况下，完全有条件，有可能，也完全有必要认认真真地去考虑它，好好地策划自己的人生，不要走一步算一步，得过且过，迷迷糊糊地生活。有梦，不要轻易放弃，在奔向梦想的路上，即使遇到各种名利等诱惑，也要舍得放弃，否则你的梦想永远只是梦了。

人生哲理

如果你还没有梦或者还没有一个人生目标，那么不妨从现在起根据自己的实际情况给自己的人生定一个目标，然后不弃不舍，一步一步努力去实现它。

信念让我们坦然接受挫折

无论命运带来什么，勇敢地迎接它、面对它，坦然地接受生命的潮起潮落，重要的是把自己内心的愿望唤起，风风雨雨是不可逃避的，这个世界没有一个人可以事事如意，但只要你坚守自己的信念，就会以心对镜，无怨无悔。

1899 年 7 月 21 日，欧内斯特·海明威出生在世界五大湖之一的密执安湖南岸，一个叫橡树园的小镇。

家里一共有六个孩子，海明威是第二个。母亲很有修养，热爱音乐。父亲是一位杰出的医生，又是个钓鱼和打猎的能手。海明威 3 岁时，父亲给他的生日礼物是一根渔竿儿；10 岁时，父亲送给他一支一人高的猎枪。父亲的影响使海明威终生充满了对捕鱼和狩猎的热爱。

14 岁时海明威在父亲支持下报名学习拳击。第一次训练，他的对手是个职业拳击家，海明威被打得满脸鲜血，躺倒在地。

可是第二天，海明威裹着纱布还是来了，并且纵身跳上了拳击场。20个月之后，海明威在一次训练中被击中头部，伤了左眼。这只眼的视力再也没有恢复。

毕业以后，海明威不愿意上大学，渴望赴欧参战。因为视力的缘故未被批准。他离家来到堪萨斯城，在《堪萨斯报》做了见习记者。

在这里他学到了最初的写作技巧。《明星报》对于文字有110条不得违反的规定，“要用短句”，“用活的语言”，“用动词，删去形容词”，“能用一个字表达的不用两个字”，等等。海明威专心致志，很快掌握了写作的技巧，并形成了自己的文字风格。

1918年5月，海明威如愿以偿，加入了美国红十字战地服务队，来到第一次世界的意大利战场。

7月初的一天夜里，海明威的头部、胸部、上肢、下肢都被炸成重伤，人们把他送进野战医院。海明威的一个膝盖被打碎了，身上中的炮弹片和机枪弹头多达230余块。

他一共做了13次手术，换上了一块白金做的膝盖骨。但仍有些弹片没有取出来，到死都留在体内。

他在医院里躺了3个多月，接受了意大利政府颁发的十字军功勋章和勇敢勋章，这时他刚满19岁。

大战后海明威回到美国，战争除了给他的精神和身体带来痛苦外，没有带来任何值得高兴的事。旧的希望破灭了，新的又没有建立，前途渺茫，思想空虚。

尽管这样，海明威依旧勤奋写作。1919年夏秋，他写了12个短篇，寄给报社被全部退回。

母亲警告他：要么找一个固定的工作，要么搬出去。海明威从家里搬了出去，因为什么也改变不了他献身于文学事业的决心。他只想做第一流的、最出色的作家。

1920年的整个冬天，他独自坐在打字机前，一天到晚写作。有一次参加朋友们的聚会，海明威结识了一位叫哈德莉的红发女郎。她比海明威大8

岁，成了海明威的第一个妻子。这时海明威22岁。

1922年冬天，他赴洛桑参加和平会议时，哈德莉在火车站把他的手提箱丢失了。手提箱里装着他的全部手稿，一个长篇、18个短篇和30首诗。这使海明威痛苦万分又毫无办法，只能重新开始。

1923年，海明威的第一部著作《三个短篇和十首诗》在法国的一个非正式出版社出版。总共只印了300册，在社会上毫无影响。

作为记者，海明威很受欢迎。但他呕心沥血写成的小说，却没有报刊肯用。尤其令他伤心的是，退稿信上总是称他的作品为“速写录”、“短文”，甚至说是“轶事”，根本就不把他的稿件看成是文学创作。1924年，海明威辞去记者工作，专门从事文学创作。他没有固定的收入，又要养活刚出生的儿子，生活艰难可想而知。

1925年是海明威最为穷困潦倒的一年。妻子已经带着儿子离开了他。他除了通宵达旦地写作，只能把看斗牛当做娱乐。

第二年，海明威与波林结婚后不久，他的第一部长篇小说《太阳也升起了》问世，立即博得了一片喝彩声，被译成多种文字，成了20世纪20年代那一代人的典范之作。

这部小说用美国女作家斯泰因的一句话“你们都是迷惘的一代”作为题词，从而产生了一个文学流派——“迷惘的一代”，而海明威就成了这个流派的代表。

人生最大的成功就是对生命的追求。成功之后，你可以体会成功的快乐，你可以体验追求的幸福。其实生命就是一个过程，生命的意义就在于追求，要学会咀嚼生命中的每一分钟，不要浪费自己的生命，完整而不断地追求自己所追求的。

人生哲理

生命的长短并不要紧，紧要的是生命中所获得的，坚持你自己所要达到的，不论贫苦或战争，就像海明威一样，为自己的文学创作付出短暂而有意义的一生。

人生最好的伙伴——坚持

成长的道路不是一帆风顺的，然而只要能克服困难，坚持不懈地努力，那么，成功就在眼前。就像幼鹰要面对折翅的磨难一样，需要通过自身的努力与坚持，最终展翅飞翔。青少年朋友们在学习中，一定要学会坚持，和坚持做最好的伙伴，只有这样才能取得成功。

赛车手的成功

有一个年轻人，从很小的时候起，他就有一个梦想，希望自己能够成为一名出色的赛车手。他在军队服役的时候，曾开过卡车，这对他熟练驾驶技术起到了很大的帮助作用。

退役之后，他选择到一家农场里开车。工作之余，他坚持参加一支业余赛车队的技能训练。

只要遇到车赛，他都会想尽一切办法参加。因为得不到好的名次，所以他在赛车上的收入几乎为零。这也使得他欠下一笔数目不小的债务。

那一年，他参加了威斯康星州赛车比赛。当赛程进行到一半多的时候，他的赛车位列第三，他有很大的希望在这次比赛中获得好的名次。

突然，他前面的两辆赛车发生了相撞事故，他迅速地转动赛车的方向盘试图避开他们，但终究因为车速太快未能成功。

结果，他撞到车道旁的墙壁上，赛车在燃烧中停了下来。当他被救出来时，手已经被烧焦，鼻子也不见了，体表烧伤面积达40%。医生给他做了 7 个小时的手术之后，才把他从死神的手中拉回来。经历这次事故，尽管他命保住了，可他的手萎缩得像鸡爪一样。

医生告诉他说：“以后，你再也不能开车了。”然而，他并没有因此而灰心绝望。

为了实现那个久远的梦想，他决心再一次为成功付出代价。

他接受了一系列植皮手术，为了恢复手指的灵活性，每天他都不停地练习用残余的部分去抓木条，有时疼得浑身大汗淋漓，他也坚持着。

在做完最后一次手术之后，他回到了农场，用开推土机的办法使自己的手掌重新磨出老茧，并继续练习赛车。

仅仅是在九个月之后，他又重返赛场！他首先参加了一场公益性的赛车比赛，但没有获胜，因为他的车在中途意外地熄了火。

不过，在随后的一次全程 200 英里的汽车比赛中，他取得了第二名的成绩。

又过了两个月，仍是在上次发生事故的那个赛场上，他满怀信心地驾车驶入赛场。

经过一番激烈的角逐，他最终赢得了 250 英里比赛的冠军。

他，就是美国颇具传奇色彩的伟大赛车手——吉米·哈里波斯。

当吉米第一次以冠军的姿态面对热情而疯狂的观众时，他流下了激动的泪水。

一些记者纷纷将他围住，向他提出一个相同的问题：“你在遭受了那次沉重的打击之后，是什么力量使你重新振作起来的？”

此时，吉米手中拿着一张此次比赛的招贴图片，上面是一辆赛车迎着朝阳飞驰。

他没有回答，只是微笑着用黑色的钢笔在图片的背面写上一句凝重的话：把失败写在背面，相信自己一定成功！

人生哲理

失败并不可怕，关键是是否被失败彻底击溃，只要还存有对成功的渴望，那么就把失败写在背面，把自信写在正面。

屡败屡战是成功的关键

梅西于1882年生于波士顿，年轻时出过海，以后开了一家小杂货铺，卖些针线，但铺子很快就倒闭了。一年后他另开了一家小杂货铺，仍以失败告终。

在淘金热席卷美国时，梅西在加利福尼亚开了个小饭馆，本以为供应淘金客膳食是稳赚不赔的买卖，岂料多数淘金者一无所获，什么也买不起，这样一来，小铺又倒了台。

回到马萨诸塞州之后，梅西满怀信心地干起了布匹服装生意，可是这一回他不只是倒闭，简直是彻底破产，赔了个精光。

不死心的梅西又跑到新英格兰做布匹服装生意。这一回他时来运转了，他买卖做得很灵活，甚至把生意做到了街上商店。头一天开张时账面上才收入11.08美元，而后来位于曼哈顿中心地区的梅西公司，成为了世界上较大的百货商店之一。梅西成了美国百货大王。

让我们再来看一个屡败屡战的事例。

保罗·高尔文是个身强力壮的爱尔兰农家子弟，充满进取精神。13岁时，他见别的孩子在火车站月台上卖爆玉米花，他不由得被这个行当吸引了，也一头闯了进去。

但是他不懂得，早已占住地盘的孩子们并不欢迎有人来竞争。为了帮他懂得这个道理，他们抢走了他的爆玉米花，把它们全部倒在街上。

第一次世界大战以后，高尔文从部队复员回家，他在威斯康星办起了一家电池公司。可是无论他怎么使劲折腾，产品依然打不开销路。有一天，高尔文离开厂房去吃午餐，回来时见大门上了锁，公司被查封了，高尔文甚至不能再进去取出他挂在衣架上的大衣。

1926年他又跟人合伙做起收音机生意。当时，全美国估计有3000台收音机，预计两年后将扩大100倍。但这些收音机都是用电池作能源的。于是他们想发明一种灯丝电源整流器来代替电池。这个想法本来不错，但产品还是打不开销路。眼看着生意一天天走下坡路，他们似乎又要停业关门了。

此时高尔文通过邮购销售办法招揽了大批客户。他手里一有了钱，就办起了专门制造整流器和交流电真空管收音机的公司。可是不出3年，高尔文依然破了产。

这时他已陷入绝境，只剩下最后一个挣扎的机会了。当时他一心想把收音机装到汽车上，但有许多技术上的困难有待克服。

到1930年底，他的制造厂账面上已净欠374万美元。在一个周末的晚上，他回到家中，妻子正等着他拿钱来买食物、交房租，可他摸遍全身只有24块钱，而且全是赊来的。

然而，高尔文并没有停止奋斗，经过多年的不懈努力，高尔文终于成了腰缠万贯的富翁。他盖起的豪华住宅，就是用他的第一部汽车收音机的牌子命名的。

人生哲理

通向成功之路并非一帆风顺，会遭受很多挫折和失败，成功的关键在于能否屡败屡战。要相信，有失才有得，有大失才能有大得。当你似乎已经走到山穷水尽的时候，离成功也许仅一步之遥了。

执著地去敲成功之门

有个找工作的年轻人来到微软分公司应聘，金发碧眼的洋总经理一时没反应过来，因为公司没有刊登过招聘广告。见总经理疑惑不解，年轻人便用自己并不娴熟的英语解释说自己是碰巧路过这里，就贸然进来了。总经理听清后颇感新鲜，心想莫非对方真是个人才，便笑着说："那今天就破例一次。"

面试的结果却出乎意料。对总经理来说这是他在微软任职以来所经历过的最糟糕的一次面试。年轻人的中专学历与微软所要求的本科学历不符，他对软件编程也只略知皮毛，对于总经理提出的许多专业性问题，年轻人要么答非所问，要么根本就回答不上来，面试中双方几次陷入僵滞的尴尬局面。

面试结束，总经理显得很失望，他对年轻人说："要知道微软公司人才荟萃，从高级管理到专业技术人员，都堪称业界精英，微软的大门不是能够轻易叩开的。"正当总经理要回绝他时，年轻人说："对不起，这次我是因为事先没有准备。"总经理认为他只是找个托词下台阶，便随口说道："那好，我给你两个星期时间，等你准备好了再来面试。"

回去后，年轻人去图书馆借了计算机编程专业的书籍，然后足不出户在家昼夜苦读。两周后年轻人果然又去见总经理，总经理没有想到对方竟真会再次前来面试，但他还是要兑现当初的承诺。

第二次面试，年轻人对总经理提出的相关专业问题已基本能应付下来，不过他仍没有通过面试，因为凭他的编程知识与微软所要求的软件工程师水平相差实在太悬殊，但在总经理眼里，两周时间里能有如此进步已经是很不容易了，面试结束后，总经理建议性地问道："不知你对微软的其他岗位是否感兴趣，比如销售部门？"

年轻人接受了建议，可是对于销售他却一窍不通，于是总经理又给了他一周时间去准备。

离开微软后，年轻人去书店买了一些关于营销的书籍，又埋头苦读一周。可令人感到晦气的是，一周后，年轻人虽然在销售知识方面进步不小，但他仍没能通过面试。无奈之下，总经理只能歉意地摇头并问年轻人，为何你偏要应聘微软呢？年轻人的回答令总经理大出意外，他说："其实我并非只想应聘微软，我也知道微软录用人时的苛刻条件，我只是想哪怕不行，好歹也积累了一定的应聘经验。"

总经理哑然之余，不乏幽默地说："那我就多给你几次增长经验的机会。"结果为了应聘，年轻人总共在微软面试了五次，前后共用去两个多月的时间，而总经理也破天荒地给予一个普通的中国小伙子五次机会。

在第五次面试时，年轻人没有回答任何问题，因为当他第五次跨进总经理办公室时，总经理已经对他宣布，其实在第三次面试时他就已经成为微软的一员了。见中方副总经理疑惑不解，洋总经理解释说："我发现他接受新东西的速度非常快，这说明他是一个有发展潜质的不可多得的人才。尽管他没有本科文凭，但微软将来的希望就在这些年轻人的身上，而且五次应聘他都没有退缩，这说明他很乐观，心理很健康。他还勇于尝试、敢于接受挑战，不放过哪怕百分之一的机会，这说明他有强者的素质。微软需要的不光是有知识和技能的员工，还需要那些有勇气和毅力的人。"

不久，年轻人就得到了微软的重点培训。

这是个故事吗？不，这恰恰是发生在上海浦东新区的一个真实的应聘小插曲。在此事件中完全可以做这样一个假设：只要其中一方的观念是保守消极的，事情就会被搞得面目全非，甚至根本就不会出现。精诚所至，金石为开。锲而不舍，金石可镂。在这惊人力量到来之前，有谁知道所谓"精诚"是付出了多少呢？是千折百回，是千锤百炼，是失败过一万次，还要一万零一次爬起的勇气和毅力！

他做到了，他成功了。

同时，机会从来只垂青那些有所准备的人。

微软公司的董事长该是个睿智的有长远眼光的领导者、决策者，他给了年轻人从璞玉到美玉转变的机会，最终，他也取得了丰硕的成果：可以想见，这样一个百折不挠、聪明勇敢的年轻人将会给微软带来同样神话般的成果。

人生哲理

走向成功的步伐如果是一百步的话，前面的九十九步固然重要，更为重要的是走完九十九步之后，不沮丧，不妥协，并坚定地走出最后那一步。

坚持是成功的基石

唐僧，法名玄奘，通称唐三藏，唐僧是他的俗称。

玄奘出生在读书人家，幼年受父亲教导，学习经书，对儒学略知一二。十几岁便在洛阳净土寺出家当和尚。后来，为了求师学习佛法，他来到了长安，后经汉川到达成都。学习几年，不满足，又出川到荆州，北上相州，至赵州，返回长安。

这时唐朝初建，社会还不稳定。玄奘东西南北地奔波，相当辛苦，表现出不畏艰险的精神，是他日后去印度取经磨炼意志的初步尝试，也可以说打下了良好的基础。

他四处学佛法，感到各家对佛教宗旨或者说得不明不白，或者说法不一。他想寻根究底，就想到佛教的发源地去拜访名师，寻求经典，于是决心取道西域去印度求学。

贞观三年，他从长安出发，经过兰州到达凉州，当时唐朝国力尚不强大，与西北突厥人正有争斗，禁止人民私自出关。凉州都督李大亮听说玄奘要西行，强令他返回长安。当地慧威法师敬重玄奘宏愿，令小徒弟慧琳、道整二人秘密送玄奘前进。他们怕白天被官兵捕捉，便夜晚行路。到达瓜州时，所骑的马又病死了。这时李大亮捉拿玄奘的公文到达，州吏李昌认为玄奘的宏愿是罕见的，不应扣留他，就发了恻隐之心，催促玄奘赶快前行。

玄奘买了一匹老马，收了一名叫石架陀的徒弟，连夜上路出发了。

慧琳、道整两个人不能忍受长途旅行的劳累和艰辛，很快就回凉州了。但艰难的行进使玄奘进一步下定了西行的决心，他暗暗发誓：不到印度，终不东归，纵然客死于半道，也决不悔恨。

半夜，他和徒弟偷渡玉门关成功。但是，徒弟石架陀宁死也不再愿意陪师父前行。玄奘只好任他离去，孤身一人前进。

在大沙漠上，看不到行人，黄沙之外，人、兽的骨骸便是生灵的行迹。

顺着走，有时像在前面有大队人马在行动，其实这是在孤寂与恐怖的心理状态下产生的幻觉。玄奘行进到玉门关外的第二个哨口，等到夜间偷渡，还是被守卫发现，差点被箭射中。校尉王详同情他，得知他不愿东返，就劝他到敦煌修行。玄奘还是表示宁可受刑，也不停留。王详最后让他过了哨卡。

玄奘过了哨卡，再前进是800里莫贺延碛，古代叫做沙河，是所谓“上无飞鸟，下无走兽，复无水草”的地方。玄奘只身行走，默念《般若心经》，鼓励自己。

走了100多里地，迷失了道路，见到水，牵马饮水，不小心把袋子掉到水里，路上用的东西都丢失了，又不知道向哪里走，于是决定往回走。

但走了不多远，他突然想到，先前自己发过誓，不到印度不回头，今天怎么了，竟然往回走了？又想，宁可朝西走着死了，也不应该回去，想到这里，劲头来了，便改变方向，继续西进。

随后的旅程更是充满了艰辛。白天黄沙飞扬，如同下雨，晚上看见人兽骨骸发出的磷火，闪闪烁烁，阴森可怕。最严重的是走了5个白天，4个夜晚，还没有见到水，干渴难以忍受。到第五个夜间，没有一点力气了，便躺倒在黄沙上。半夜忽然刮起风来，把他吹醒了。他立即爬起，又上路了。

走了两天，出了流沙，到达伊吾，随后到高昌。可以说这是玄奘取经迈出了决定性的一步，经过这番磨炼，玄奘西行的意志更加坚定了。

高昌王热情款待了玄奘，崇拜他，希望他留下传播佛教。玄奘的目的是往印度取经，于是他婉言谢绝。高昌王再三挽留他，玄奘还是不同意留下。

高昌王以为用扣留的方式可以使玄奘屈服。玄奘用绝食来回答，三天滴水不沾。国王深为他的精神感动，就放他西行，还给他剃度4个徒弟，30匹马，25个仆役，并写了24封公文，给玄奘西行将要经过的各个地区的行政首脑，请求关照。高昌王的礼遇，是玄奘以前没有经过的，此后上路，在物质条件上，比前一段路程好多了。

玄奘至层支国，因大雪封路，停留了两个月。走到葱岭北边的竣山，终年不化的积雪，使玄奘一行行走艰难，晚上就卧在冰上休息。这样又经过7天才走下山，同伴死了10多个。

到了康国，由于居民不信佛教，要用火焚烧玄奘的2个徒弟，幸而国王制止，玄奘等才平安通过。到缚喝国，玄奘留住1个多月，学习佛教经书。以后他不顾旅途疲劳，多次在一些地方停顿读经，并与当地佛学大师辩经。玄奘有时遇到强盗，衣服资财全被掠夺，同行者悲哀哭泣，他劝慰众人说，人生最宝贵的是生命，生命保住了，损失的衣物算什么，鼓励徒众，继续前进。一次，在恒河，强盗认为玄奘体貌魁伟，适合祭祀突伽天神，便把他绑上祭坛，即将行凶。玄奘毫不畏惧，镇静地默念佛经。幸好这时狂风骤起，吹断树枝，暴徒以为老天责怪他们作孽，慌忙向玄奘表示歉意，他这才躲过一场灾难。

一道道难关过后，玄奘走遍印度各地，搜集和学习了各种佛学经典，终于达到了求学的目的。

人生哲理

意志不坚强的人是干不成大事的。天下无难事，只怕有心人。顽强的毅力可以征服世界上的任何一座高峰。一个人有了锲而不舍、不轻易放弃的精神，就没有克服不了的困难，实现不了的理想。

一步步走近目标

我们常常佩服胸怀大志的人，然而其中有许多人不知道如何分解和细化自己的野心和目标。目标必须越细越好，最好能细化到每天和每小时。让自己真真切切地看到自己的目标在哪里。实现了所有的细小的目标，大目标就水到渠成地完成了。

25岁的时候，普雷斯失业因而面临挨饿。他以前在君士坦丁堡、在巴黎、在罗马，都曾尝过贫穷而挨饿的滋味。然而在这个纽约城，处处充溢着富贵气息，尤其使他觉得失业的可耻。

普雷斯不知道该怎么办，因为他觉得自己胜任的工作非常有限。他能写文章，但不会用英文写作。白天就在马路上东奔西走，目的倒不是为了锻炼身体，因为这是躲避房东的最好办法。

一天，普雷斯在42号街碰见一位金发碧眼的高个子。普雷斯立刻认出他是俄国的名歌唱家夏里宾先生。普雷斯记得自己小时候，常常在莫斯科帝国剧院的门口，排在观众的行列中间，等待好久之后，方能购到一张票子，去欣赏这位先生的艺术。后来普雷斯在巴黎当新闻记者，曾经去访问过他，普雷斯以为他是不会认识自己的，然而他却还记得普雷斯的名字。

“很忙吧？”他问普雷斯。普雷斯含糊回答了他。普雷斯想：他已一眼明白了我的境遇。“我的旅馆在第103号街，百老汇路转角，跟我一同走过去，好不好？”他问普雷斯。

走过去？其时是中午，普雷斯已经走了五小时的马路了。

“但是，夏里宾先生，还要走60条横马路口，路不近呢。”

“谁说的？”他毫不含糊地说，“只有五条马路口。”

“五条马路口？”普雷斯觉得很诧异。

“是的，”他说，“但我不是说到我的旅馆，而是到第6号街的一家射击游艺场。”

这有些答非所问，但普雷斯却顺从地跟着他走。一下子就到了射击游艺场的门口，看着两名水兵，好几次都打不中目标。然后他们继续前进。

“现在，”夏里宾说，“只有11条横马路了。”普雷斯摇摇头。

不多一会，走到卡纳奇大戏院，夏里宾说：“我要看看那些购买戏票子的观众究竟是什么样子。”几分钟之后，他们重又前进。

“现在，”夏里宾愉快地说，“离中央公园的动物园只有5条横马路口了。里面有一只猩猩，它的脸很像我所认识的唱次中音的朋友。我们去看看那只猩猩。”

又走了12条横路口，已经来到百老汇路，他们在一家小吃店前面停了下来。橱窗里放着一坛咸萝卜。夏里宾奉医生之嘱不能吃咸菜，于是他只能隔窗望望。“这东西不坏呢，”他说，“使我想起了我的青年时期。”

普雷斯走了许多路，原该筋疲力尽了，可是奇怪得很，今天反而比往常好些。这样忽断忽续地走着，走到夏里宾旅馆的时候，他满意地笑着："并不太远吧？现在让我们来吃中饭。"

在那席满意的午餐之前，主人解释给普雷斯听，为什么要走这许多路的理由。"今天的走路，你可以常常记在心里。"这位大音乐家庄严地说，"这是生活艺术的一个教训：你与你的目标之间，无论有怎样遥远的距离，切不要担心。把你的精神集中在五条横街的短短距离，别让遥远的未来使你烦闷。常常注意于未来24小时内使你觉得有趣的小玩意。"

夏里宾先生把60个路口，一次又一次地分割成更小的目标，最终分割到5条路口。每次只是走一段路实现一个小的目标，而未来目标实现起来就容易多了。

人生哲理

我们的目光不可能一下子投向数十年之后，我们的手也不可能一下子就触摸到数十年后的那个目标。为了不会让自己的付出感到丝毫的累，我们应该一步一步走向成功，每天都能看见财富的路标，每天都能尝到成功的甘甜，体味到奋斗的喜悦与满足，脚踏实地的付出换来的永远是一种实实在在的得到。

比别人再稍微努力一点

许多人经常处于惶惶不可终日之中，他们天天不是担心工作没了，便是钱亏了，不是担心离婚了，便是病了。为什么要担心呢？我们每天都在改进，而每天也确实进步。成功快乐的人生便是如此，不断改进自己人生的品质，不断成长、不断拓展人生的信念，才会获得你想得到的。

1986年美国职业篮赛开始之初，洛杉矶湖人队面临重大的挑战。在前一年湖人队有很好的机会赢得王座。当时所有的球员都处于巅峰，可是决赛时却输给了波士顿的凯尔特人队，这使得教练派特·雷利和所有球员都极为沮丧。

派特为了让球员相信自己有能力登上王座，便告诉大家只要每人能在球技上进步1%，那个赛季便会有出人意料的好成绩。1%的成绩似乎是微不足道的，可是，如果12个球员每个人都进步1%，整个球队便能比以前进步12%。只要能进步1%以上，湖人队便足以赢得冠军宝座。结果大部分的球员进步了不止1%，有的甚至高达50%以上，这一年居然是湖人队夺冠最容易的一年。

事实上改善有个原则，就是逐步慢慢地改进，哪怕这种改进是多么的微不足道，只要每天能有小小的进步，长久累积下来便有惊人的成就。

鲍勃回到家里的时候，被眼前的景象惊住了：母亲双手掩着脸埋在沙发里——她在哭泣。他还从未见她流过泪。

“妈妈，”鲍勃问道，“出什么事了？”

她深深地吸了口气，勉强露出一丝笑容。“没有，真的。没什么大不了的事。只是，我那个刚到手的工作就要丢掉了。我的打字速度跟不上。”

“可您才干了3天啊，”鲍勃说，“您会成功的。”他不由地重复起她的话来。在他学习上遇到困难，或者面临着某件大事时，她曾经上百次地这样鼓励他。

“不，”她伤心地说，“没有时间了，很简单，我不能胜任。因为我，办公室里的其他人不得不做双倍的工作。”

“一定是他们让您干的太多了。”鲍勃不服气，她只看到自己的无能，他却希望发现其中有不公。然而，她太正直，他无可奈何。

“我总是对自己说，我要学什么，没有不成功的，而且大多数时候，这话也都兑现了。可这回我办不到了。”她沮丧地说道。

鲍勃说不出话来。

过了一会儿，母亲平静了些。她站起身，擦去眼泪说：“好了，我的孩子，就这样了。我可以是个差劲的打字员，但我不是个寄生虫，我不愿做我不能胜任的工作，我可以干些别的。”

时隔8天，她接受了一个纺织成品售货员的职业。

然而，此后，妈妈每晚仍坚持练习打字。

肯于努力和坚持不懈比聪明更有价值。你只要比一般人稍微努力一点，你就会成功。

人生哲理

信念让我们发挥潜力，人生最错误的事情就是低估自己的能力，人类的能力远大于人们所想象的程度，消极的人永远是尽力而为，而积极的人永远是全力以赴。

伟大的人都知道：信念是自己创造出来的。

全身心地去做每件事

一位世界知名企业家曾说过："成功的过程有三入，即下手处的切入，全身心地投入，一步一步地深入。如果每件事情都能切入、投入、深入，那么资质优秀者会做到更优秀，资质较差者也能做到优秀。"

对工作全身心地投入，就是一种忘我的境界，而唯有进入这种境界，你才能比其他人收获得更多。

比尔·盖茨是全球亿万青少年心中的"财智英雄"，也是他们心目中最伟大的"巨人"。比尔·盖茨从一位普通青年迅速成为全球首富，他的经历给了我们许多启示：他是首位利用高新技术创造巨额财富的典范；是第一个白手起家，20 年内个人财产达到世界首富的商界奇才；第一个靠思维、智慧、观念致富而成为世界软件巨人的最年轻者。比尔·盖茨的成功除了他天才般的不竭智慧外，还有一条常被人们忽略的重要前提——对工作全身心地投入。

试想，比尔·盖茨如果不是迷恋计算机，不是全身心地投入，那么，他现在可能是一位有着哈佛学历的律师，或是其他与法律相关的职业。但是，他的执著与投入，使他放弃了很多人可望而不可及的哈佛名校，而把所有的时间与精力都投入到了自己所热爱的计算机行业中。

比尔·盖茨中学毕业的时候，他父母亲对他说："哈佛大学是美国高等学府中历史最悠久的一所大学，是一个充满魅力的地方，是成功、权力、影响、伟大等的象征和集中体现，你必须读一所大学，而哈佛是最好的选择。它对你的一生都会有好处。"

盖茨听从了父母亲的劝告，进了美国最著名的哈佛大学。他当时填的专业是法律专业，但他其实并不想继承父业去当一名律师。

盖茨在哈佛既读本科又读研究生课程，但他的真正的兴趣依然在电脑上。他曾同朋友一起认真地讨论过创办自己的软件公司。他认定"电脑很快就会像电视机一样进入千家万户，而这些不计其数的电脑都会需要软件"。

大学二年级的时候，比尔·盖茨终于向父母说了他一直想说的话"我想退学"。

他的父母听了非常吃惊，也非常伤心。但他们无法说服盖茨改变主意。无奈之下，只得同意了盖茨的要求。

从此，盖茨一心一意地投身于自己的电脑软件领域中，终于开创了令世人瞩目的业绩。

而他的成功，有很大一部分原因是因为他全身心地投入到自己喜爱的工作中，才取得了在今天无人能及的辉煌。

也许有的人会提出疑问："我们也在非常辛苦地工作，为什么却收获有限呢？"

答案很简单，如果你在工作中只是盲目地机械地做事，那就很难取得大的成就。你必须自觉自愿地为你的目标而工作。辛勤工作并不表示你真正投入工作了。同样是砌墙，有的人默默埋头苦干，觉得工作很无聊，但还是认命地做下去：有的人一面砌墙，一面想象着这堵墙砌成后，墙头种了牵牛花，牵牛花的藤爬满了墙头。等花开季节，墙头上都是牵牛花儿，那是一幅多么美丽的画面啊！这样，他在努力砌墙的同时，眼睛已经看到努力的成果了。

前一个工人虽然卖力，其实思想僵化，只能在已有的工作上打转，生活对他而言是平淡无味的。后者却能陶醉在工作中，同时他很可能一面工作，一面思考如何改善，因此技术会不断进步，工作不仅不让他觉得无聊，还让他有机会成为这一行的高手。

如果一个人能全身心地投入工作，其工作效率肯定是迅速的、高效的。工作精神不只对工作效率产生影响，对一个人品格的影响也是巨大的。工作质量就是一个人人格的表现，他的工作就是自身的志趣、理想的具体体现，是他内心的真实写照。因此，看一个人的工作质量，就能知道这个人是什么样的人了。

人生哲理

如果你渴望成功，第一步就应该这样要求自己：无论从事何种工作，必须全身心地投入。如果对工作不忠实、不尽力，那将贬损自己，糟蹋自己。当你全身心地投入做好了每一件事时，你得到的回报将远远超过你的付出。

在困难面前要迎难而上

一天，罗杰斯走在佐治亚州某个森林里的小路上，看见前面的路当中有个小水坑。他只好略微改变一下方向从侧翼绕过去，就在接近水坑时，他遭到突然袭击！

这次袭击是多么出乎意料！而且攻击者也是那么出人意料。尽管罗杰斯受到四五次的攻击还没有受伤，但他还是大为震惊。他往后退了一步，攻击者随即停止了进攻。那是一只蝴蝶，它正凭借优美的翅膀在他面前作空中盘旋。

罗杰斯要是受了伤的话，他就不会发现个中情趣；但他没有受伤，所以反倒觉得好玩，于是他笑了起来。他遭到的攻击毕竟是来自一只蝴蝶，而它的攻击的力量是微不足道的。

罗杰斯收住笑，又向前跨了一步。攻击者又开始向他俯冲过来。它用头和身体撞击他的胸脯，用尽全部力量一遍又一遍地击打他。

罗杰斯再一次退后一步，他的攻击者因此也再一次延缓了攻击。当他试图再次前进的时候，他的攻击者又一次投入战斗。它一次又一次地撞击在他的胸脯上，他感到莫名其妙，不知道该怎么办才好，只好第三次退后。不管怎么说，一个人不会每天碰上蝴蝶的袭击，但这一次，他退后了好几步，以便仔细观察一下敌情。他的攻击者也相应后撤，栖息在地上。就在这时他才弄明白它刚才为什么要袭击他。

原来蝴蝶有个伴侣，就停在水坑边上它着陆的地方，但它好像受伤了。攻击罗杰斯的那只蝴蝶呆在伴侣的身边，翅膀一张一合，好像在给伴侣扇风。罗杰斯对蝴蝶在关心它的伴侣时所表达出的爱和勇气深表敬意。尽管它的伴侣快要死去了，而来者又是那么庞大，但为了伴侣，它依然责无旁贷地向他发起进攻。它这样做，是怕他走过时不经意地踩到它的伴侣，它在争取给予伴侣尽可能多一点生命的珍贵时光。

现在，罗杰斯总算了解了它战斗的原因和目标。留给他的只有一种选择，他小心翼翼地绕过水坑到小路的另一边，顾不得那里只有几寸宽的路埂，而且非常泥泞。它为了它的伴侣在向大于自己几千倍的敌人进攻时所表现出的大无畏气概值得罗杰斯这么做。

它最终赢得了和伴侣厮守在一起的最后时光，静静地，不受打扰。罗杰斯为了让它们安宁地享受在一起的最后时刻，直到回到车上才清理皮靴上的泥巴。

这件事深深地影响了罗杰斯。从那以后，每当面临巨大的压力时，罗杰斯总是想起那只蝴蝶的勇气。他经常用那只蝴蝶的勇猛气概激励自己，提醒自己：美好的东西值得你去抗争，这是一种最难能可贵的个性！

面对困难，有勇气的人会迎难而上，而那些丧失斗志的人则会绕着困难走。所以，生活中的成功者大多是前一种人。勇敢不是鲁莽，而是一种高贵的品质，它鄙薄、蔑视恐吓我们的东西。

勇敢是一种力量，但不是腿部和臀部的力量，而是心灵的力量，这种力量存在于我们自身之中。

人生哲理

成功之路往往是由失败铺成的。当一条路被堵死时，我们要做的第一件事情就是，继续寻找第二条路、第三条路……直到找到成功的正确途径。

执著的精神比天赋更重要

爱迪生小时并不聪明，但善于观察，勤于思考，喜欢追根问底。有一次，母亲见他一动不动地趴在草堆里，非常奇怪地问："你这是干什么？"小爱迪生不慌不忙地回答："我在孵小鸡呀！"原来，他看到母鸡会孵小鸡，想自己也试试。母亲又好气又好笑，告诉他，人是孵不出小鸡的。回家的路上，他还一个劲地盯着母亲问："为什么母鸡能孵小鸡，我就不能呢？"从此，大家都说爱迪生是个"呆子"。有一次，为了想知道火的奥秘，他竟在邻居谷仓里燃起一堆火，引起了一场火灾。事后，他挨了父亲一顿毒打。

爱迪生 7 岁时上学，当时学校课程设置十分呆板，还搞体罚，幼小的爱迪生对此十分不满意。老师讲得枯燥无味，引不起他的兴趣。他功课学得不好，可脑子里却装着很多稀奇古怪的问题。同学们都说他笨，老师也说他是个低能儿。在学校学习不到 3 个月，他就被迫退学。这是他一生所受到的唯一的正规教育。

爱迪生的母亲亲自教孩子读书写字，不厌其烦地解答他所提出的各式各样的问题。有一次，母亲给他买了本《自然读本》，他立即被书上介绍的小实验迷住了。他在家里搞起了小实验室，把零花钱都用在购买实验用品上，一有空就做实验。

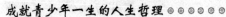

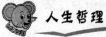

爱迪生 11 岁时，到火车上当了报童。在得到列车长允许以后，他在行李车的一个角落里，布置了一个简单的小实验室。一次，火车的震动把一

瓶黄磷震翻在地，着起了火。火舌向行李堆蔓延。爱迪生急忙脱下衣服扑打，拼命地喊：“救火啊！”大家闻声赶来，把火及时扑灭了。列车长勃然大怒，狠狠地打了爱迪生一记耳光，并把他的实验用品统统扔出车外，爱迪生的右耳被打聋了。

后来，爱迪生当了一名夜班报务员。一天清晨三四点钟，他下班扛起白天从旧书店买来的几十本书回住处。巡逻的警察远远看见他，疑心是小偷，就大声喊他站住。可惜他耳朵聋，听不见，仍然急急忙忙地赶路，警察以为他要逃跑，忙举枪射击。当呼啸的子弹擦着耳边飞过，爱迪生才站住了。警察追上来，一问才知道是个聋子，扛的全是旧书，不觉抽了一口凉气，说：“算你有运气，要是我的枪法准，那你白送了一条命！”

由于爱迪生对人类做出了巨大的贡献，他受到了全世界的尊重。1922年，他被评选为美国当代12大伟人中的第一名。

人生哲理

准确的判断和执著的精神比天赋更重要。在现代社会里，那些靠天才取得的成绩，同样可以通过勤奋获得；而仅靠勤劳取得的成就，光靠“天才”就无法得到。对于年轻人来说，靠耍小聪明，投机取巧，就想赢得成功是根本不可能的。

在不幸面前决不放弃

一位名人曾说：“伟大、高贵人物最明显的标志，就是他坚韧的意志，不管环境如何恶劣，他的初衷与希望不会有丝毫的改变，最终克服阻力达到所期望的目的。”事实的确如此，生活中的那些成功人士，无不是在遭遇挫折、不幸时不放弃，坚持到底的人。

一天，在寂静的斯德哥尔摩市郊，突然爆发出一连串震耳欲聋的巨响，滚滚的浓烟霎时直冲云霄，一股股火苗直往上蹿。刹那间，一场惨祸发生了。

当惊恐的人们赶到出事现场时，只见原来屹立在这里的一座工厂已荡然无存，无情的大火吞没了一切。火场旁边，站着一位三十多岁的年轻人，突如其来的灾难和过度的刺激，已使他面无人色，浑身不住地颤抖着——这个大难不死的青年，就是后来闻名于世的大化学家诺贝尔。

诺贝尔眼睁睁地看着自己所创建的硝化甘油炸药的实验工厂化为灰烬。人们从瓦砾中找出了五具尸体，其中一个是他正在大学读书的活泼可爱的小弟弟，另外四人也是和他朝夕相处的亲密助手。五具烧得焦烂的尸体，令人惨不忍睹。

诺贝尔的母亲得知小儿子惨死的噩耗，悲痛欲绝，年老的父亲因太受刺激引起脑溢血，从此半身瘫痪，然而，诺贝尔在失败和巨大的痛苦面前却没有动摇。

惨案发生后不久，警察当局就封锁了出事现场，并严禁诺贝尔恢复自己的工厂。人们像躲避瘟神一样避开他，再也没有人愿意出租土地让他进行如此危险的实验。

这一连串的挫折并没有使诺贝尔退缩，几天以后，人们发现，在远离市区的马拉仑湖上，出现了一艘巨大的平底驳船，驳船上并没有什么货物，而是摆满了各种设备，一个青年人正全神贯注地进行一项神秘的试验。他就是在大爆炸后被当地居民赶走了的诺贝尔！

热情和勇气往往会令死神也望而却步。在令人心惊胆战的实验中，诺贝尔没有连同他的驳船一起葬身鱼腹，而是经过多次试验，他发明了雷管。雷管的发明是爆炸学上的一项重大突破。随着当时许多欧洲国家工业化进程的加快，修铁路，开矿山，凿隧道等都需要炸药。于是，人们又开始亲近诺贝尔了。他把实验室从船上搬迁到斯德哥尔摩附近的温尔维特，正式建立了第一座硝化甘油工厂。接着，他又在德国的汉堡等地建立了炸药公司。

一时间，诺贝尔生产的炸药成了抢手货，源源不断的订货单从世界各地纷至沓来，诺贝尔的财富与日俱增。

然而，获得成功的诺贝尔并没有摆脱挫折。不幸的消息接连不断地传来：在旧金山，运载炸药的火车因震荡发生爆炸，火车被炸得七零八落；德国一家著名工厂因搬运硝化甘油时发生碰撞而爆炸，整个工厂和附近的民房变成了一片废墟：在巴拿马，一艘满载着硝化甘油的轮船，在大西洋的航行途中，因颠簸引起爆炸，整个轮船全部葬身大海……

一连串骇人听闻的消息，再次使人们对诺贝尔望而生畏，甚至简直把他当成瘟神和灾星。如果说前次灾难还是小范围的话，那么这一次他所遭受的已经是世界性的诅咒和驱逐了。

诺贝尔又一次被人们抛弃了，不，应该说是全世界的人都把自己应该承担的那份压力给了他一个人。面对接踵而至的灾难和困境，诺贝尔没有被吓倒，没有被压垮，更没有一蹶不振，他身上所具有的热情和毅力，使他对已选定的目标义无反顾。他甚至已习惯了与死神朝夕相伴，并且以大无畏的勇气和热情最终激发了他心中的潜能，他最终征服了炸药，吓退了死神。诺贝尔把挫折踩在了脚下，取得了巨大的成功。

安东尼·罗宾说：“不管你所处的环境是多么恶劣，担子有多么沉重，你绝对有能力扭转，所做过的美梦终必有实现的一日。然而要如何才能实现呢？就在你看完些文字时，你一定要了解不放弃、坚持的意义。坚持可以立即改变你人生中的任何层面，就看你是否有决心在不幸中坚持下去。

人生哲理

无论你遭遇怎样的不幸，只要你能够坚持，生活就会给予你丰厚的回报。

坚持下去就是胜利

“坚持就是胜利”，做什么事，都不能轻易放弃。轻易放弃，不仅让你的精力投入付诸东流，也对你今后的成长带来不利影响。也许你有了问题，特别是难以解决的问题，让你烦恼万分，你就想立即放弃。

这时候，有一个基本原则可用，而且永远适用。这个原则非常简单：不轻易放弃，因为放弃很可能导致彻底的失败，而且不只是手头的问题没解决，还容易导致人格的最后失败，因为放弃会使人产生一种失败的心理。

如果你使用的方法不能奏效，那就改用另一种方法来解决问题。如果新的方法仍然行不通，那么再换另外一种方法，直到你找到解决眼前问题的方法为止。任何问题总有一定的解决方法，只要继续不断地、用心地循着正道去寻找，你终会找到这种方法。

鲁克斯就是因为不放弃而获取事业成功的。几年以前，他研究出一种供活动房屋使用的预制墙壁系统。他组建了一家公司，把他所有的钱都投资进去，但是这种墙壁却不够坚固，一经移动就垮了。公司遭遇到一连串的困难，鲁克斯的合伙人要求他卖掉公司，但是他不放弃。

他是有积极想法的人，具有牢不可破的信心，也可以说他有打不倒的性格。他认为这一类的困难打不垮他，他说："我压根儿就没想到'放弃'这两个字。"因此，他用心做合理的、深入的思考，终于想出了办法。他决定设计出一套预制板系统，来配合他的预制墙壁系统。最后他终于成功了，一家制造活动房子的大公司买下了他的设计。

在生活或是工作中，每一个问题出现的时候，如果立即加以处理，你就不会再充满挫败和失望了。每一项挑战出现时，若奋起迎接，你就会获得很多的成果，你必会有所创造。

很多人都知道海耶士·钟士的事迹。他是1960年跨栏比赛的风云人物，他赢得一场又一场的比赛，打破了许多纪录，轰动一时。

他顺理成章地被选为参加当年在罗马举行的奥运会的选手，参加110米跨栏比赛，全世界都认为他能赢得金牌。但是，出乎意料，他并没有得到金牌，只跑了个第三名，这当然是个极大的挫折。他的第一个想法是："怎么办呢？我或许该放弃比赛。"要再过四年才会有奥运会，而且他已经赢得所有其他比赛的跨栏冠军，何必再受四年更艰苦的训练？看来唯一合理的出路是退出比赛，开始在事业上寻求发展。

这当然非常合乎逻辑，但是海耶士·钟士却不能安于这种想法。他不想放弃自己一生追求的东西。因此他又开始了训练，一天3小时，一个星期

7天。在以后几年里，他又在60米和70米跨栏项目上创造了一些新纪录。

1964年2月22日，在纽约麦迪逊广场花园，钟士参加60米跨栏赛。赛前他曾经宣布这是他最后一次参加室内比赛。大家的情绪都很紧张，每个人的眼睛都看着他。他赢了，平了自己以前所创的最高纪录。钟士跑完，走回跑道上，低头站了一会儿，答谢观众的欢呼。然后1.7万名观众都起立致敬，钟士感动得流下泪来，很多观众也流下眼泪来。一个曾经失败的人仍然继续坚持下去，他不放弃，因而爱他的人们就爱他这一点。

钟士参加了1964年东京奥运会，在110米栏赛中跑出13.6秒的成绩，得了第一名，他终于赢得了金牌。

后来他在一家航空公司工作，担任业务代表。他自愿协助推广所在城市的体能训练计划，他终于获得了极了不起的成绩。

人生哲理

歌德说过："不苟且地坚持下去，严厉地驱策自己继续下去。就是我们之中最微小的人这样去做，也很少不会达到目标。"记住这句话吧，它能使你受益终身。

永不放弃尝试的努力

如果你好好审视历史上那些成大功、立大业的人物，就会发现，他们都有一个共同的特点：不轻易为"拒绝"所打败或退却，不实现他们的理想、目标、心愿，就绝不罢休。华特·迪斯尼为了实现建立"地球上最欢乐之地"的美梦，四处向银行融资，可是被拒绝了三百多次。今天，每年有上百万游客享受到前所未有的"迪斯尼欢乐"，这全都出于迪斯尼不言放弃的决心。

事实证明，只要坚持不断地去尝试。凭毅力去追求所企望的目标，最终必然会获得成功。当然，其前提是从今天起你必须采取行动，哪怕这只是小小的一步。

有这样一个故事。

数年前，有一位年轻人想在音乐界发展，因而放弃了学业转而投入了实际工作。一个没有相关工作经验且又高中辍学的人，要想找份工作还真不容易，最后他只好在一些较低级的酒吧中弹琴和演唱糊口。想想看，这个年轻人对音乐事业抱着那么高的憧憬，却终日得面对那些无视他存在且喝得醉醺醺的酒徒，那种沮丧和屈辱让他真是忍无可忍。

由于他没什么钱，晚上只好在自助洗衣店里打地铺睡觉，幸好还有一位极其相爱的女友安慰，使他还能撑下去。

可是有一天，就连女友也受不了而离他远去，这给他的打击何其惨重，觉得人生毫无指望，因此决定自杀。就在要付诸行动之前，他联络了一家精神病院，看看他们能否给他什么帮助。在医院里，他的人生有了改变，他不再沮丧，而且打消了自杀的念头。他觉得问题全是自己寻找的，意志消沉无济于事，今后要竭尽一切努力，成为自己所企望的成功音乐家。任何的失望，都不足以让一个人自杀，毕竟生命宝贵，应该好好珍惜。

就这么持续地努力，虽然未能马上见着回报，但最终他还是成功了。今天。他所作的曲子被唱遍了全球的每个地方，你知道他是谁吗？他就是比利·乔。

请记住这句话：上帝并未耽延，只是还在等候时机。因此别忘了，没有失败这回事，如果你的尝试不见效，那就好好从其中学习，以便未来能运用得更有效，最终必然会有成功的一天。

许多失败者的悲剧，就在于被眼前的障碍所吓倒，他们不懂得坚持一下、不懂得排除障碍，就会走出逆境，结果在成功到来之前的那一刻，自己打败了自己，也就失去了应有的荣誉，失去了成功的机会。

成功的另一个秘诀就是永远不放弃尝试的权力。

据说，数学上最深奥的定律需要经过数以千万次的求证。人生也是如此，要获得成功的结果，没有无数次的尝试是不可能得到的。就像数学公式的求证一样，我们要不断地变换方法和角度，即使这种尝试要经过无数次，我们也不能在中途便放弃希望。

人生中经常有许多事不是我们所能控制的，例如你被公司解聘，另一半舍你而去，家中有人生病，亲人不幸过世，政府削减了跟你有关的福利……这一切似乎你都无能为力，只能眼睁睁地看着它发生。

或许你曾试过一些方法，再找一份工作，再结识一位伴侣，再使家人恢复健康，让快乐的时光重现，可是却都未见成效。有些人或许会重新振作起来，力图扭转困境，但当他们一再失败时，往往会失去了再尝试的勇气。为什么会这样呢？是因为我们每个人都想避开痛苦，没有人愿意承担一再失败的打击。

当一个人付出全力去做，结果得到的尽是失望的时候，请问他还有心情去尝试吗？也就是经常受到失望的打击，我们不仅不愿再去尝试，甚至根本不相信还有任何可为之处。但是，生活中那些真正的成功者，在失败面前都能鼓起勇气去尝试。正如发明家爱迪生所说：“我才不会沮丧，因为每一次错误的尝试都会把我往前推进一步。”

扭转人生的关键步骤就在于抛弃一切负面、消极的想法，不要怀疑自己什么都不行，是无可救药的了，更不要因为曾经试过好多次不见成效，就认为自己束手无策。

我们有必要记住这样一句话：过去不等于未来，过去你怎么想、怎么做都不重要，重要的是今后你要怎么想、怎么做。

人生哲理

在未来的道路上，许多人是借着后视镜的引导，如果你就是其中之一，那么就不免会出意外。相反地，你应放眼未来，凡事坚持，永不放弃尝试的权力，唯有如此，你才有可能走出困境，拥抱成功。

不执著则失败

西方流行这样一个寓言：

一座泥像立在路边，历经风吹雨打。它多么想找个地方避避风雨。然而它无法动弹，也无法呼喊。它太羡慕人类了，它觉得做一个人，可以无忧无虑、自由自在地到处奔跑。它决定抓住一切机会，向人类呼救。

有一天，智者圣约翰路过此地，泥像用它的神情向圣约翰发出呼救。

“智者，请让我变成人吧！”圣约翰看看泥像，微微笑了笑，然后衣袖一挥，泥像立刻变成了个活生生的青年。

“你要想变成人可以，但是你必须先跟我试走一下人生之路，假如你受不了人生的痛苦，我马上可以把你还原。”智者圣约翰说。

于是，青年跟智者圣约翰来到一个悬崖边。

“现在，请你从此岸走向彼岸吧，”圣约翰长袖一拂，已经将青年推上了铁索桥。

青年战战兢兢，踩着一个个大小不同链环的边缘前行，然而不小心，一下子跌进了一个链环之中，顿时，两腿悬空，胸部被链环卡得紧紧的，几乎透不过气来。

“啊，好痛苦呀！快救命呀！”青年挥动双臂大声呼救。

“请君自救吧。在这条路上，能够救你的，只有你自己。”圣约翰在前方微笑着说。

青年扭动身躯，奋力挣扎，好不容易才从这痛苦之环中挣扎出来。

“你是什么链环，为何卡得我如此痛苦？”青年愤然道。

“我是名利之环。”脚下铁链答道。

青年继续朝前去。忽然，隐约间，一个绝色美女朝青年嫣然一笑，然后翩然而去，不见踪影。

青年稍一走神，脚下又一滑，又跌入一个环中，被链环死死卡住。

可是四周一片寂静，没有个人回应，也没有一个人来救他。

这时，圣约翰再次在前方出现，他微笑着缓缓道："在这条路上，没有人可以救你，只有你自己自救。"

青年拼尽力气，总算从这个环中挣扎了出来，然而他已累得精疲力竭，便坐在两个链环间小憩。

"刚才这是个什么痛苦之环呢？"青年想。

"我是美色链环。"脚下的链环答道。

经过一阵轻松的休息后，青年顿觉神清气爽，心中充满幸福愉快的感觉，他为自己终于从链环中挣扎出来而庆幸。

青年继续向前走。然而，没想到他又接连掉进了欲望的链环、嫉妒的链环……待他从这一个个痛苦之中挣扎出来，青年已经完全疲惫不堪了。他抬头望望，前面还有漫长的一段路，他再也没有勇气走下去了。

"智者！我不想再走了，你还是带我回原来的地方吧。"青年呼唤着。

智者圣约翰出现了，他长袖一挥，青年便回到了路边。

"人生虽然有许多痛苦，但也有战胜痛苦之后的欢乐和轻松，你难道真愿意放弃人生么？"智者圣约翰问道。

"人生之路痛苦太多，欢乐和愉快太短暂，太少了，我决定放弃做人，还原为泥像。"青年毫不犹豫地说。

智者圣约翰长袖一挥，青年又还原为一尊泥像。

"我从此再也不受人世的痛苦了。"泥像想。然而不久，泥像被一场大雨冲成一堆烂泥。

人生哲理

人生没有痛苦，也就不会有快乐。人生路上痛苦与快乐必然形影相随，人活着又无法任意选择，拥有痛苦的同时，也在等待着快乐，只有坚持再坚持，也许成功就在下一秒。

得与失的分水岭——抉择

任何一个人都知道，若想取得成功，无疑要做一个明智的选择。但人生宛如一片果树林，我们只能通过比较，尽可能地为自己选择一条好的道路，摘到最大的果实，没有回头的机会。所以只有做出正确的抉择，才能找到人生的方向。

有一种拥有叫失去

清心寡欲就会轻松自在，随遇而安就能自得其乐，放下就是解脱。做人其实不需要复杂的思想，只要具备了这项简单的智慧，其人生道路就远离了痛苦与忧伤。

那天，看中央电视台的艺术人生栏目，被采访的主人公是我国著名的电台播音员雅坤。当那熟悉的旋律响起，雅坤老师那富有磁性的声音再次撞击着我的耳鼓："观众朋友，八点半到了，欢迎您收听中央人民广播电台的综合文艺节目'今晚八点半'……"。

我的思绪一下子回到了20年前，我还是一个刚满10岁的少年时。那时电视还不普及，所以一台半导体收音机陪伴我度过寂寞的童年，雅坤老师的声音也成为我最熟悉的"朋友"。在我的想象里，雅坤老师的形象既模糊又清晰，模糊的是，我从来没有见到过她，清晰的是我把自认为最美丽的女性形象都加在了雅坤老师身上。

现在，20年后当我第一次从电视上看到雅坤老师的时候，在惊喜之余仍有一丝失望，因为真实的她和我想象中的她存在一定的差距。雅坤老师自己说，她最不愿意面对电视的镜头，她最愿意面对的还是话筒，是听众而不是观众。我完全能够理解雅坤老师的心情，因为她知道，她是用自己的声音“认识”了亿万观众，观众最熟悉也最喜爱的还是她的声音。

前不久，参加一次笔会，文友来自五湖四海。当大家一一自我介绍时，我和身边的文友都不由自主地惊叫起来。因为，当那些我们耳熟能详的作者真的就在眼前时，我们怎么也不会相信，能写出青春美文的作家竟是年近花甲的老人，文笔老辣的杂文高手居然是20出头的小伙子，而写出大量纯情诗歌的却是一位满头白发的大妈。我们互相善意地取笑，内心却别有一番滋味。

是的，也许我们都有一个思维定势，都愿意把自己的想象强加在某个人或者某件事上，并且深信不疑。一旦真相大白，我们难免失落。这是想象带给我们的一份美好，也是想象带给我们的一份残酷。人们常说，看景不如听景。事实上，是因为我们在看景以前就赋予了景色太多的想象。

至今记得一个颇有意味的故事：有一位火车司机，常年在一条铁路线上奔跑，每每经过一个村庄的时候，他都会看到一位身材优美的女子伫立在村边，眺望着火车，有时候还向火车挥动着一条红色的纱巾，火车司机也挥动帽子向她示意。日复一日、年复一年，火车司机就要退休了，他决定要去看看那位女子。当他终于站在女子身边的时候，他才知道，女子是一位双目失明的盲人，每天当她听见火车经过的时候，都会向火车挥动纱巾……老司机的梦圆了，却也碎了。

人生哲理

世界上有一种东西，在你拥有的刹那，其实已经失去。如果你真的喜欢一种文字，那么就好好地品读吧；真的喜欢一种声音，那么就好好地倾听吧。

不要为失去的而惋惜

安徒生的童话大多是写给孩子看的，浅显易懂，但是他那篇《老头子总是不会错》的童话故事，却也值得成年人一读，特别是那些整天觉得压力重，诸事不顺心的人更应该静下心来好好品味一番。

乡村有一对清贫的老夫妇。

有一天，他们想把家中唯一值点钱的一匹马拉到市场上去换点更有用的东西。于是，老头子牵着马去赶集了。

老头子先与人换得一头母牛，又用母牛去换了一只羊，再用羊换来一只肥鹅，又把肥鹅换了母鸡，最后用母鸡换了别人的一大袋烂苹果。

在每次交换中，老头子都想给老伴一个惊喜。

当老头子扛着那一大袋子烂苹果来到一家小酒店歇息时，遇上两个英国人。闲聊中老头子谈了自己赶集的经过。

两个英国人听后，哈哈大笑，说："老头子，你回去准得挨老婆子一顿揍。"

老头子坚称绝对不会，英国人就用一袋金币打赌。于是，两个英国人一起回到老头子家中。

老太婆见老头子回来了，非常高兴，她兴奋地听着老头子讲赶集的经过。每听老头子讲到用一种东西换了另一种东西时，她都充满了对老头子的钦佩。

她嘴里不时地说着："哦，我们有牛奶喝了！"

"羊奶也不错。"

"哦，鹅毛真漂亮呀！"

"哦，这回我们有鸡蛋吃了！"

最后，听到老头子背回一袋已经开始腐烂的苹果时，她同样不愠不恼，大声说："我们今晚就可以吃到香甜的苹果馅饼了！"

结果，两个英国人输掉了一袋金币。

一位哲人曾说："聪明的人永远不会坐在那里为他们的损失而悲伤，却会很高兴地找出办法弥补他们的创伤。”我们在生活中也会经常失去某种东西，这时如果能像童话中的老太婆那样用豁达的心情去看待，那么，生活中的烦恼就会少之又少。

“不为失去的而惋惜。”这句话看似普通，其实却包含着深奥的哲理，是人类智慧的结晶。

假如能够读尽各个时代伟大学者所著的有关忧虑与烦恼的书，你也不会看到比“不要为失去的而惋惜”更有用的人生经验了。人赤条条地来到这个世界，又赤条条地离去。人的一生不可能永久地拥有什么，失去时你再悲伤也是徒劳的。而唯一正确的做法是忘记它，把所有的精力放在下一件事情上，否则，你会什么也得不到。

有一位游客去三峡旅游，他站在船尾观赏两岸景色时，不小心将手提包掉进了滔滔江水中，包中装有巨额现金，他不假思索地跃身跳进江水里去捞包。虽然包抓到手了，但人再也没有回来。这位旅客如果懂得不为失去的东西惋惜，就不至于连生命也赔进去了。

因此，既然已经失去，为什么还要浪费眼泪呢？当然，犯了过错和疏忽都是我们的不对，可是惋惜也挽不回损失，因此，还不如想开一点。要知道谁没有犯过错误呢？就连拿破仑这样的伟人，在他所有的重要战役中也输过1/3。

何况，即使我们使出浑身解数，也不能再挽回损失，即使是刚刚发生的事情，我们也不可能再回头把它纠正过来。

因此，一定要记住：不要为失去的而惋惜，这是抛开忧虑，轻松生活的前提。

人生哲理

乐于接受已经发生的事，是一种生活的智慧。

取舍之间

走了几次花市，跟玉摊老板逐渐相熟。喜欢他的纯真，不带市侩气，尤其喜欢他的不固执。他卖的，大部分是出土老玉，几乎都斑驳陆离，也几乎都有撞裂后残缺痕迹的沁纹。他通过一个退伍老兵的渠道购入这些老玉，喜欢的，自己留着欣赏把玩，一段时日后再出售。

他身上经常挂着好多块经他盘养过后的老玉，只要有人喜欢，他都毫不吝惜地让售，也不坚持他自己所定的最低价格。因此，来他玉摊的人整日川流不息，很多都成了他的好朋友，有事没事就去他的摊边闲聊。

问他为什么可以把心爱的东西让给别人，而不觉得不舍，他豁达地笑笑说："人世间的东西，并没有一定的主人，也没有永远的主人，既然如此，那么谁都可以拥有它。而且，有人要买是那人有福气，我能卖，也是我的福气。"

前些日子，他买来三颗天珠，经他盘养后，都已微微泛红。尤其较大的那颗，红润内敛，十分讨人喜欢。他自己也珍爱万分，日日夜夜佩戴它，打坐时不离身，工作时也不离身。有一天，他突发灵感，把三颗天珠配上玛瑙玉石，串成项链挂在胸前，朋友见了，都说好看。

隔日来了一个识货的顾客，一眼看上那颗大天珠，并坚持只要单独买下它。他应允了，一刀剪下大天珠，其余残存的玉石顿时失色。

朋友都为他惋惜，说他不该坏了那串项链，不该坏了整体的美。他笑笑，不以为然地说："残缺，不一定不美；完整，也不一定就美。那人那么喜欢那颗天珠，是他跟它有缘，我成全了他，不也很好吗？"

那天以后，他依然成天佩挂着那串残缺的项链，无憾无悔。

或许他的豁达来自他的不执著，他的不执著又来自他的自我修持。

这两天，我看上一颗他经常把玩的黄玉佛手，有心要他割爱，却因他在那佛手上穿上一粒小小的骷髅，而使我犹豫。

"你怕什么呢，"他点破我说，"终有一天，我们都会变成这样子的。这正可以提醒我们，对世间的情缘，不要过于执著。”

这使我想起小时候看外婆择菜，看她一朵朵地掐去高丽菜嫩芽上的鲜花，我总为那些娇黄色的嫩花惋惜，向外婆抗议不该摘去它，外婆却淡淡地回答我：“那有什么可惜的？那上面有虫。”

而我现在挑拣高丽菜嫩芽时，也往往下意识地就摘去了嫩芽上正盛开着的黄花。是我已失去了少年情怀的憧憬，还是我已被世故所淹没？

应该都不是。对美好的事物，我仍然疼惜。我只是不忍心看那黄花在加热后，瞬间就失去了它娇嫩的容颜。我已明白，事物在取舍之间，自有它一定的分寸。

应该是：得，要先舍；而舍，终必得。

舍不舍，就全看个人造化了。

人生哲理

做人要学会取舍，正所谓有舍才有得：得，要先舍；而舍，终必得。

放弃也是一种美丽

小弟是一名山区小学教师，多年来从事山区教育，已经30岁了，自己的终身大事还未解决。前不久，相恋了一年的女友又因调动工作另结新欢，失恋的小弟痛不欲生，既不能拥有又无法割舍和放弃那份纯真的情感。

人都说爱是一枚酸、甜、苦、辣、涩俱全的五味果，人生不能没有这枚五味果。拥有它是一种美丽，放弃呢？仿佛只有痛苦与灰涩的回忆了。

虽说是过来人，我却不知该怎样来劝说这个五尺男儿。正好遇到周末，好友邀我们小聚，于是我带上小弟与夫君一同前往，一来叙旧，二来也想借好友劝劝小弟。

一进好友新居，我们的眼前不禁一亮，阳台上绿茵茵一片，特别是那盆蟹爪莲在绿叶的映衬下迎着骄阳绽开灿烂的笑脸。

“哇，好美！”连我这个不善养花的人也禁不住惊呼一声。

“嗨，喊什么呀，不就是你不要的那盆花么，谁叫你不爱花来着，后悔了吧？”

“打住，打住。我可没说我不爱花。当初给你可不是因为我不爱它，而是我觉得让我来养会糟蹋了它。你瞧，我既不懂养花的知识，又不会养花的技巧，甚至连每天给花浇浇水都会忘记，还不如趁早放弃它。今天看它被你养得郁郁葱葱的样子，真高兴当初的选择。要不它在我手上死掉了，那才真应了老舍先生的话‘看着好花生病要死是一件难过的事’。我今天才感到放弃也是一种美丽呢！”

说完这句话，我心头一颤，望望正凝神观花的小弟，思绪也如淡淡的花香飘散开来——

是啊，拥有是一种实实在在的美丽，放弃又何尝不是呢？

太阳和月亮放弃了思恋的相聚，是因为它们发现了彼此的距离，同时也把灿烂的光芒和皎洁的月辉留给了人间。

爱情本是美丽的，爱的滋润可以转化为一种积极向上的动力，然而爱情是需要交流和互动的，一旦没有了交流和互动，爱情的滋味就会有所改变。与其让双方的感觉变成痛苦的体验，不如选择放弃。在遥远的期盼中，心痛也会变成一种美丽的祝福。

我放弃了拥有一盆实在的花，却欣赏到了盛开的美丽；《父亲的菜园》中的父亲放弃了第一次薄薄的收获，换来了来年更丰厚的收成；像小弟一样许许多多的山区教师们，放弃舒适的生活、假日的休闲、美丽的爱情，换来了莘莘学子的笑容和基础教育的崛起。这难道不也是一种美丽吗？

从好友家出来，我发现小弟的神色已平和了许多。我衷心地祝愿小弟能找到自己的幸福，也希望他能真正明白：人生应拥有的美丽很多很多，有时，放弃也是一种美丽。

人生哲理

残缺，不一定不美；完整，也不一定就美。

不为回报而付出

做人任何时候都不可以用钱来衡量人生的价值，当我们认为一件事值得我们去做的时候，就去做好了，不要考虑这是否会有回报，认为它值得你去做，这才是最重要的。

寒冷的冬天，雪花四处飘舞着，暮色已经开始笼罩着四野。拜伦独自驱车走在回家的路上。他家在一个小镇，随着经济的萧条，小镇越来越不景气，他已经失业两个月了。虽然朋友们都相继地离开了小镇，不过拜伦并没有这样的打算，因为他在那里出生，在那里生活，他的父母就埋葬在这个小镇，他童年的玩伴，也就是他的妻子也在这个小镇上工作。所以，他不愿意离开这里。想到妻子，拜伦的脸上露出了欣慰的笑容。他们彼此是那样的相爱，即使在这样困苦的环境下。

前方似乎有人的车坏了，透过玻璃，雪花飞舞中，拜伦看清了，原来是一位开着奔驰的富有的老太太。在这么个四顾无人的野外坏车，又是在这么寒冷的傍晚，这实在不是一件美好的事情。拜伦知道，如果没有他的帮助，也许这个老太太会在这里过夜的。他停下了车。

暮色中老太太的钻戒闪闪发光，看到拜伦停下了摇摇晃晃的老爷车，她露出了害怕的神色。拜伦对此有所准备，因为他看起来的确穷困潦倒。

他微笑着对老太太说：“别害怕，老妈妈，我是来帮你的。这里离镇上还很远。你先到车里去吧，外面真的有点冷。修好了我会叫你的。”

原来是轮胎被扎破了，只要换上备用胎就可以了。但是天气这么寒冷，让人的手都快拿不出来了，即使拜伦这样一个大男人，独自忙上忙下也并不是一件容易的事情。拜伦因此擦破了手臂，还弄脏了他唯一的一件比较体面的衣服。

看到车真的被修好了，老太太才消除了紧张，但随后她就向拜伦提出了一个问题，你需要多少钱，并且表示多少钱她都愿意支付。因为她知道，如果没有拜伦的帮助，在这个陌生的野外，简直是什么都有可能发生。老太太的问话出乎拜伦的意料，因为他从没有想过帮助别人也是一项工作，他一直认为当别人遇到困难时伸出援手是他应该做的，这和钱无关。

拜伦笑了笑，如果您真的想要报答的话，那么下次您看到需要帮助的人就帮助他好了，这就是我要的报酬。老太太再也没说什么，走了。

开了一阵子车，来到了一个小镇上，老太太才意识到自己还没有吃晚饭，于是她把车停到了路边一家小小的咖啡馆。咖啡馆的设施很差，只有一个挺着大肚子的女招待在昏暗的灯光下招待她。

老太太看着女招待脸上亲切的微笑，心想这个女招待看样子至少得有八个月的身孕了，却还要出来工作，究竟是什么原因呢？这么晚了，她竟然还能对一个过路人这么热情，老太太忽然想起了拜伦。当女招待拿着老太太付的一百元钱去结账回来的时候，却发现老太太已经走了。桌子上还放了一张字条，字条上写着：我想你一定很需要帮助，我也曾经像你一样，只是我得到了好心人的帮助，现在就让我把这份爱心传递下去吧！在一侧的杯子下，还压着四百元钱。女招待回到家的时候，已经很晚了，丈夫正在等着她。她知道，今天丈夫还是没有找到工作。

夜很深了，她还是没有睡着，那位老太太的话还印在她的脑海里，是的，孩子下个月就要生了，可是他们连接生的钱都没有，那位老太太又是怎么知道的呢？看了看已经熟睡的丈夫，女人轻轻地给了他一个吻，一切都会好起来的，亲爱的拜伦。

人生哲理

只要人人都献出一点爱，世界将变成美好的人间。只要你能做到向困难的人伸出援手，并且认为即使没有回报这也是值得的，那么恭喜你，你获得了人间最宝贵的财富。

不要和别人对比什么

人，各有长短，每个人有他的缺陷和不足，也有属于他的优势和长处。所以在平常的时候，你不要和别人对比什么，只求把握好自己就可以了，因为你那样的比较没有任何意义，比来比去的最终结果只能使自己妒火中烧，心态不平衡。有一句话说得好：你走你的路，我走我的路，两不相干。你唯一要做的就是让自己拥有一颗平和的心态，正确地对待他人，正确地对待自己，如此才能珍惜现在所拥有的，让自己活得快乐。

有一个非常难得的机会我和朋友相聚，她说起是她父亲的一句话奠定了她人生的基调。在读初中时她的体质非常弱，任何体育活动都没法参加，学习上却非常争胜好强，偶尔有一门功课得不到第一就会难过，就会自责。父亲跟她说："以你的条件，你不必追求优秀，但你可以做到良好。"她很听父亲的话，于是比较轻松地将每门功课都保持了良好，同时她的体质也恢复到了良好的状态。在高中毕业时她给自己的定位是考上一所普通大学，因为压力不重反而发挥更好，结果轻松地考上了重点大学。毕业时她选择了中等城市的专业对口单位，因为她只求离父母近些，可以相互照料。她这样地娓娓道来，就如她不急不躁地构筑她的良好人生。

良好人生肯定不被小说家和剧作家看好，因为良好人生不能构成他们的创作素材，令他们更感兴趣的是——事业有成而家庭破裂，辉煌的阴影里藏匿着堕落，幸福来临却紧随着死神，有一项优秀就总有一项不及格等。

而生活也的确是如此的，假如这个人的某个单项特别地优秀，那么他人生的另一重要项目，缺憾也往往特别地大，或者说，正因为无法弥补这缺憾，他才发愤地去追求卓越。

其实良好人生的境界已经是至高。当一个人的事业、爱情、品行、心境乃至体格都能达到良好时，又有谁能说那个人的人生不够优秀呢？

看过米兰·昆德拉的一本书叫《生活在别处》，我对这五个字有很好的联想，我们的生活总是在远方，都在想：如果明天我有钱，我就可以……

但是如果你现在赚钱少不快乐，就算有再多的钱，也许还是不快乐；如果你一个人的时候不会自得其乐，即使嫁了人或娶了老婆，别人跟你一起一样不快乐；如果现在不懂得享受生活，未来也不会享受生活。有人问什么叫做自由，所谓的自由就是你想要拒绝一个人的约会，已经不需要任何理由，你有权力过自己要过的生活，有权力去自己要去的地方，其实生活就是这么简单。

人生哲理

在纷繁复杂的人生里，不要和别人去对比什么，要知道平平淡淡才是人生的真谛，把握自己，相信自己才是人生的关键。

了解自己到底想要干什么

有一个25岁的小伙子，因为对自己的工作不满意，跑来找柯维咨询。他的生活目标是找一个称心如意的工作，改善自己的生活处境。他生活的动机似乎不全是出自私心而且是完全有价值的。

“那么，你到底想做点什么呢?”柯维问。

“我也说不太清楚，”年轻人犹豫不决地说，“我还从没有考虑过这个问题。我只知道我的目标不是现在的这个样子。”

“那么你的爱好和特长是什么呢?”柯维接着问，“对于你来说，最重要的是什么?”

“我也不知道，”年轻人回答说，“这一点我也没有仔细考虑过。”

“如果让你选择，你想做什么呢?你真正想做的是什么?”柯维对这个话题穷追不舍。

“我真的说不准，”年轻人困惑地说，“我真的不知道我究竟喜欢什么，我从没有仔细考虑过这个问题，我想我确实应该好好考虑考虑了。”

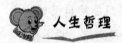

“那么，你看看这里吧，”柯维说，“你想离开你现在所在的位置，到其

他地方去。但是，你不知道你想去哪里，你不知道你喜欢做什么，也不知道你到底能做什么。如果你真的想做点什么的话，那么，现在你必须拿定主意。”

柯维和年轻人一起进行了彻底的分析。柯维对这个年轻人的能力进行了测试，他发现这个年轻人对自己所具备的才能并不了解。柯维知道，对每一个人来说，前进的动力是不可缺少的。因此，他教给年轻人培养信心的技巧。现在，这位年轻人已经满怀信心踏上了成功的征途。

现在，他已经知道他到底想干什么，知道他应该怎么做。他懂得怎样才能事半功倍，他期待着收获，他也一定能获得成功——因为没有什么困难能挡住他前进的脚步。

舒心、惬意的人生是最美丽的人生。所谓舒心，就是开心；惬意，就是心灵一尘不染，没有丝毫杂质和负荷。能把日子过得舒心的人，大多是健康、快乐的人；而一旦心生杂念，心情不舒畅，不顺心的事就会接踵而至。

托马斯·帕尔是英国历史上有名的寿星之一。

88 岁时，托马斯第一次结婚。

120 岁时，托马斯第二次结婚。

在 145 岁时，托马斯还能跑步，给谷子脱粒，几乎能完成所有的体力劳动。但是，就在人们还期待他能更加健康地活着时，他却突然去世了。

托马斯的传记作者对他的死感到非常遗憾：“如果按原来的方式生活下去，那么一切都将不一样。”他写道：

“托马斯死亡的原因主要归于食物和空气状况的改变。他从空气清新的乡下到了那时空气已经相当污浊的伦敦。在长年累月吃粗茶淡饭的情况下，他被带进了一个生活奢华的家庭，人们鼓励他吃好的饭菜，喝大量美酒，误认为这样能改善他的健康状况，延长他的寿命。结果，他的身体自然机能严重超载，而且身体的本来习惯全被弄得紊乱了，所有这些结果加速了他的死亡。”

假如托马斯·帕尔仍然过自己那种舒心、朴素的生活，他的寿命还会更长。

人的生命不过几十年，你是过自己舒心、惬意的生活，还是去过心灵被蒙蔽，按照别人的意志生活呢？

人生哲理

许多人之所以在生活中一事无成，最根本的原因在于他们不知道自己到底要做什么。

在生活和工作中，明确自己的目标和方向是非常必要的。只有在知道你的目标是什么，你到底想做什么之后，你才能够达到自己的目的，你的梦想才会变成现实。

舍弃并不意味着失去

在一个集市上有一个傻乞丐，他经常成为人们取笑的对象，因为如果你把十元钱和一角钱放到两个手掌上，他一定会挑面值小的拿。而且这个试验屡试不爽，每次乞丐都拿那个面值小的。于是人们就经常用这个方法逗弄他，寻开心。

后来，一个好心人就偷偷地问那个乞丐：“难道你真的分辨不出来哪个面值大吗？”乞丐微微地笑着说：“如果我拿了那个大面值的，你下次还会和我做这种游戏吗？”是的，到底是无数个一角钱多，还是一个十元钱多呢？看来乞丐并不是真傻。

而生活中却常常有一些自认为很聪明的人，他们觉得不拿白不拿，不吃白不吃。谁要是选择了小面额的钞票谁就是傻瓜。于是社会上就充斥了这样一种现象，人际关系一次用完，做生意一次赚足，然后就再也没有来往，理由很简单，他们选择了那张大面额的钞票，也把这种关系一次耗尽，自然就没有下次了。正是这种贪婪地索取，使得他周围的人渐渐地疏远了他。

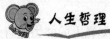

控制自己的贪婪，不过分计较得失的多少，你才会在自己的生活圈子

中畅游无阻。而舍弃并不意味着我们将失去，相反，正是因为舍弃，我们才能更好地生活。

在第二次世界大战期间，德国人被苏联打败，匆忙地从苏联撤走了。一位农夫和一个商人在一片狼藉中寻找财物，不久，他们就发现了一大堆没有被烧焦的羊毛，于是两个人各分了一半扛在肩上。后来，他们又发现了很多布匹，农夫将沉重的羊毛卸掉，挑了些较好的自己能扛得动的布匹，而贪婪的商人则将农夫丢下的羊毛和剩余的布匹都捡起压在了肩头，太过沉重的压力使得他气喘吁吁，行动缓慢。又走了一段路，他们又发现了很多贵重的银质餐具，农夫将布匹全都丢掉，捡了一些较好的银器背上，轻快地回家了，而商人却因为背负了太多的羊毛和布匹，再也无法弯下腰继续捡银器了。

后来，天下起了大雨，商人背上的羊毛和布匹淋了雨，变得更沉重了。他精疲力竭，又冷又饿，最后摔倒在又湿又滑的路上。早早就回到了家里的农夫，变卖了银器以后，生活渐渐富足起来。

随着社会的不断进步，物质生活越来越富足了，于是一些人开始追求更高的物质享受，住上了楼房想着别墅，开上了轿车想着跑车，天天进出酒楼还觉得不够档次，要顿顿鱼翅燕窝。追求物质生活的质量并没有错，在能承受的范围内可以有一定的提高，就像那个农夫一样。但是千万不可效仿那位贪婪的商人，面对种种诱惑，什么都想要，什么都想得到，最终的结果会是为这种贪婪所累而什么都享受不到，因为每个人的精力都是有限的，超出能力范围的追求是不现实的。

人生哲理

舍弃并不意味着我们将失去，相反，正是因为舍弃，我们才能更好地生活。

从迷途之中走回来

许多年来，吉姆·弗斯一直在违背戒律。第一次他违背了“你不可偷窃”这条戒律，那时他还在大学读书。有一天他偷了92.74美元，乘飞机前往佛罗里达州。不久，他又持枪抢劫，被抓获投入监狱。不久他得到了大赦。此后他参加了军队，然而，即使在军队中，他仍没放弃作案。

事情就是这样在进行。吉姆在人生的道路上不断地滑下去。但他作恶愈久，就愈感到内疚。开始吉姆还没有自觉地感到更多的内疚——因为他的犯罪的自觉意识变得迟钝了。但是他的下意识心理却在积累着内疚情绪。

吉姆从军事监狱里获释后，结了婚，搬到了加利福尼亚州。在那儿他开了一家电子咨询商店。一天，一个自称安地的人来找吉姆，他谈到一个想法，用一种电子装置去打击其他种族的人。在几个星期后，吉姆便深深地陷入到黑社会中去了。他有了一辆价值9000美元的汽车，并在郊区拥有一所漂亮的房子，他的业务多得使他忙不过来。

一天，吉姆同他的妻子发生了争吵。她要了解所有这些钱是从哪儿来的，他却不肯说，所以她哭了起来。吉姆不忍看他的妻子哭泣，因为他爱她。为了安慰妻子，吉姆提议开车到海滨去。在去海滨的途中，他们碰上了交通阻塞，几百辆汽车涌进了一个停车场。

“啊，看呀，吉姆，”爱丽丝说，“那是格拉汉！我们去听他讲演吧，这可能蛮有意思呢。”

吉姆想迁就她，就走了过去。但刚坐下不久，他就变得十分烦躁不安。他觉得格拉汉似乎是在直接对他讲话，良心使吉姆感到不安了。格拉汉的论点是：

“如果一个人获得了整个世界，却失去了他的灵魂，这对他有什么好处呢？”

接着格拉汉又说：

“这儿有一个人，他听到这些话时，受到良心的谴责，他想要离开他的老路，却未做出决定。但这将是他最后的机会。”

他最后的机会？对吉姆来说，这个说法叫他吃惊。这位教士的意思是什么呢？

吉姆想知道正在发生的事，为什么他总想哭呢？他突然对妻子说：“我们走吧，爱丽丝。”爱丽丝顺从地走向一边，但吉姆抓住她的一只胳膊，把她的身子转过来。

“不，亲爱的，”他说，“走这边……”

几年后，吉姆完全改变了他的生活。他在洛杉矶发表了一次演说，讲了他的经历，特别是他下决心的那天的情况。那天他被通知飞往圣·路易士城去执行一次窃听任务。“我绝不到圣·路易士去，”他说，“我发现了勇气。”

人生哲理

如果你对你所做的错事感到由衷的惭愧和忏悔，就要勇敢地迈出悔改的第一步，立即开始纠正每一个错误。但是要注意：不要让内疚的情绪过分困扰你。

掌握平衡的原则

如果让一个人把紧握的东西松开手扔掉，不是一件容易的事，因为没有人愿意轻易放弃自己的所爱，哪怕那件东西并没有实际的价值。也没有人愿意轻易放弃自己的主张，虽然他的主张并不明智，但是，要想让心灵自由，要想让自己快乐，要想自己不被物欲蒙蔽双眼，我们就得学会放弃。

古时候有一个国王，他最宠爱的妃子为他生了一位漂亮的公主。

国王非常疼爱小公主，视如掌上明珠，凡是公主想要的东西，无论多么稀罕，国王都会想尽一切办法满足她。在国王的骄纵下公主渐渐地长大了，她开始懂得装扮自己了。

一个春雨初晴的午后，公主带着宫女徜徉于宫中花园，欣赏雨后的景致，公主的目光被荷花池中的奇观吸引住了。原来池水经过蒸发，正冒出一颗颗状如琉璃珍珠的水泡，浑圆晶莹，闪耀夺目。

公主完全被这美丽的景致迷住了，她突发异想："如果把这些水泡串成花环，戴在头发上，一定漂亮极了！"

公主很为自己的想法得意，她便叫宫女把水泡捞上来，但是宫女的手一触及水泡，水泡便破灭无影。折腾了好半天，宫女在池里捞得心急如焚，仍然一无所获，公主在池边等得闷闷不乐。

公主终于气愤难忍，一怒之下，便跑回宫中，硬把国王拉到池畔，对着一池闪闪发光的水泡说：

"父王！您一向是最疼爱我的，我要什么东西，您都依着我。女儿想要把池里的水泡串成花环，作为装饰，您说好不好？"

"傻孩子！水泡虽然好看，终究是虚幻不实的东西，怎么可能做成花环呢？父王另外给你找珍珠水晶，一定比水泡还要美丽！"国王无限怜爱地看着女儿。

"不要！不要！我就要水泡花环，我不要什么珍珠水晶。如果您不给我，我就不活了。"公主撒娇地大哭大闹着。

束手无策的国王只好把朝中的大臣们集合于花园，忧心忡忡地说：

"各位大臣们1你们号称是本国的奇工巧匠，你们之中如果有人能够以奇异的技艺，以池中的水泡，为公主编织美丽的花环，我便重重奖赏。"

"报告陛下！水泡刹那生来，触摸即破，怎么能够拿来做花环呢？"大臣们面面相觑，不知如何是好。

"哼！这么简单的事，你们都无法办到，我平日何等善待你们？如果无法满足我女儿的心愿，你们统统提头来见。"国王呵斥道。

"国王请息怒，我有办法替公主将水泡做成花环。只是老臣我老眼昏花，实在分不清楚水池中的泡沫，哪一颗比较均匀圆满，能否请公主亲自挑选，交给我来编串呢？"一位须发斑白的大臣神情笃定地打圆场。

公主听了，兴高采烈地拿起瓢子，弯起腰身，认真地舀取自己中意的水泡。本来光彩闪烁的水泡，经公主轻轻一触摸，霎时破灭，变为泡影。

捞了老半天，公主一颗水泡也拿不起来。

睿智的大臣于是和慈蔼地对一脸沮丧的公主说："水泡本来就是生灭无常，不能常驻久留的东西，如果把人生的希望建立在这种虚假不实、瞬间即逝的现象上，到头来必然空无所得。"

公主见状，便不再坚持这个过分的要求了。

人生哲理

平衡的最高原则就是放弃。佛家有一句话：舍得舍得，没有舍哪有得？肯舍，才能获取更多；不懂得舍，也就不懂得获取。舍，也就是获取。

舍弃多余

汤普森急救中心是伦敦一家著名医院。在中心接待大厅的显眼处，铭刻着这样一句话：你的身躯很庞大，但你的生命需要的仅仅是一颗心。说这句话的是美国好莱坞影星利奥·罗斯顿。

1936年，利奥·罗斯顿在英国演出时因患心衰被送进了这家医院。抢救他的医生使用了当时最先进的药物和医疗器械，遗憾的是仍然没有挽救他的生命，于是一颗艺术明星从此陨落了。

利奥·罗斯顿的疾病起于肥胖，"你的身躯很庞大，但你的生命需要的仅仅是一颗心"是他临终时的遗言。这家医院的院长、著名胸外科专家哈登为之黯然垂泪。为了警策后人，他决定将利奥·罗斯顿的遗言永远铭刻在医院的接待大厅里。

美国石油大亨默尔后来也住进了这家医院，他在为生意奔波的途中患了病，无独有偶也是心衰，但他的运气却比罗斯顿好得多，一个多月后，他便病愈出院了。出院后他没有再回生意场上去搏杀，而是将自己几十亿资产的公司卖掉了，所得捐给了社会慈善和卫生事业，自己则住到苏格兰的乡下别墅里开始颐养天年。

1998年，80高龄的默尔参加汤普森急救中心百年庆典时，有记者问他当初为什么要卖掉自己的公司，他神采飞扬地指着刻在大厅里的那句话说："是利奥·罗斯顿提醒了我。"在默尔的传记里有这样一句话：巨富和肥胖并没有什么两样，不过是获得超过自己需要的东西罢了。

多余的脂肪会压迫人的心脏，多余的金钱会拖累人的心灵，多余的追逐和幻想只会增加一个人生命的负担。人们要想活得健康和自在一点，就必须舍弃"多余"。

人生哲理

在漫漫人生中，你既要懂得获得，也要学会舍弃。因为舍弃的仅仅是一种"多余"，而得到的是比黄金更珍贵的清醒和智慧。

要懂得抵制诱惑

在高考落榜之后，由于一时没有找到合适的工作，他便跟随父亲到海上去捞海菜。当时，父亲出海驾驶的是一条只有8马力的小船。

有一天，他和父亲驾驶着小船在离岸五六海里的海域上捞海菜。待夜幕降临时，他和父亲已捞了满满一舱海菜。就在父亲发动起船来，准备返航时，天空骤然变得昏暗起来。父亲焦虑地看了看天空，他根据多年闯海的经验，知道马上就要起风了。为了减轻小船的载重，能够尽快返回岸上，父亲一边把船舱里的那些海菜往海里扔，一边让他下来帮忙。他看着辛劳一天的收获，又白白地扔回到海里，心中感觉有些不忍。

果然，船舱里的那些海菜还没有被拾掇干净，风暴已经携着恶浪迎来了。他们的小船犹如浮在海面上的一片枯叶，时而被掀上浪尖，时而又跌落下来，那个小小的螺旋桨完全驾驭不了这样的恶浪。伴随着夜色一点一点地加深，他的心中也愈加恐惧了。

不知过了多久，风暴终于停了，大海又恢复了先前的平静；而周围则是漆黑一片。他们船上的燃油耗尽了，发动机已停止了运转。父亲喘息着问道："你摸一摸水桶还在吗？"他赶紧用手一试，才发现用来盛淡水的那只塑料桶翻倒了，因为盖子没盖严实，里面的淡水几乎都洒尽了；幸亏那几个馒头用塑料袋盛着，没有遭到海水的浸泡。他们的小船在海上漫无目的地漂流着，他惊颤着问父亲："现在，咱们离着海岸还很远吗？"父亲沉默了一会儿，之后镇静地说："到天亮时就知道了。"

待到天亮时，他努力搜寻着，希望找到岸的影子，可周围却是汪洋一片。父亲思忖了一阵儿，毅然用"漂钩"（撑船的工具）调整了漂流的航向。因为没有燃油，他们的小船行驶得异常缓慢。

秋日的阳光仍烤得人透不上气来。父亲掰了一半馒头递给他说："桶里只有一点点淡水，咱们必须省着喝。"他小心翼翼地打开水桶，喝了一口；而父亲只抿了一下，用来润润嗓子。直到天黑时，还没看到岸的影子。于是，父亲将衣裳脱下来，蘸上了一些油渍，然后用打火机点燃。他是希望能够被那些过往的大船发现，然而他们并没有那么幸运。

熬到第二天时，桶里的淡水已经空了。他感到浑身像着了火一般，望着湛蓝的海水，再也抵挡不住它的诱惑，便偷偷掬起一捧海水来尝了一口。他的举动被父亲发现了，他怒声呵斥道："快吐掉！再坚持一阵，我们就到岸了！"父亲在说这些话的时候，眼圈红红的。

就在那个夜晚，父亲借着月光发现了海面上有浮动的"网漂"。父亲惊喜地把船划过去，并俯身捞起网绳来查看了一下，发现上面没有海菜，父亲断定这是刚下的新网，附近一定有船。他们就顺着"网漂"的方向使劲划去，果然没过多久就发现了一艘渔轮……

他们获救之后，他便问父亲："当时，你真相信我们能够漂到岸上吗？"父亲意味深长地说："我们当时唯一的选择就是坚信自己。如果没有信念，咱俩也许早就丧生海底了。"

他仍不解地问："当时我只尝了一口海水，你为什么要对我发那么大的火呢？"

父亲严肃地解释说："你知道吗？在那种情况下，海水就是慢性毒药！要是你经受不住它的诱惑，刚开始时只想尝一下，而接下来你就会忍不住喝它，结果就只能加速死亡。”

现在，他经常回味父亲说过的那些话，其实里面不正包含着深刻的人生哲理吗？

人生哲理

生活中有太多的诱惑，我们要擦亮眼睛，用自己的慧眼抵制诱惑，让自己健康地成长。

选对人生的钥匙

有一位父亲，在他很小的时候父母就去世了，他成了一名孤儿，孤苦伶仃、一无所有，流浪街头，受尽磨难，最后终于创下了一份不菲的家业，而他自己也已经到了人生暮年，该考虑辞世后的安排了。

他膝下有两子，风华正茂，一样的聪明，一样的踏实能干。几乎所有的人包括他自己，都认为应该把财产一分为二，平分给两个儿子。但是，在最后一刻，他改变了主意。

他把两个儿子叫到床前，从枕头底下拿出一把钥匙，抬起头，缓慢而清楚地说道：“我一生所赚得的财富，都锁在这把钥匙能打开的箱子里。可是现在，我只能把这把钥匙给你们兄弟二人中的一人。”

兄弟俩惊讶地看着父亲，几乎异口同声地问道：“为什么？这太残忍了！”

“是，是有些残忍，但这也是一种善良。”父亲停了一下，又继续说道，“现在，我让你们自己选择。选择这把钥匙的人，必须承担起家庭的责任，按照我的意愿和方式，去经营和管理这些财富。拒绝这把钥匙的人，不必承担任何责任，生命完全属于你自己，你可以按照自己的意愿和方式，去赚取我箱子以外的财富。”

兄弟俩听完，心里开始有了动摇。接过这把钥匙，可以保证你一生没有苦难，没有风险，但也因此而被束缚，失去自由。拒绝它？毕竟箱子里的财富是有限的，外面的世界更精彩，但是那样的人生充满不测，前途未卜，万一……

父亲早已猜出兄弟俩的心思，他微微一笑："不错，每一种选择都不是最好，有快乐，也有痛苦，这就是人生，你不可能把快乐集中，把痛苦消散。最重要的是要了解自己，你想要什么？要过程，还是要结果？"兄弟俩豁然开朗。

二人权衡利弊，最终各取所需。哥哥决定接过这把钥匙，弟弟则决定出去闯荡。这样的结局，与父亲先前的预料不谋而合。

二十多年过去了，兄弟俩经历、境遇迥然不同。哥哥生活舒适安逸，把家业管理得井井有条，性格也变得越来越温和儒雅，特别是到了人生暮年，与去世的父亲越来越像，只是少了些锐利和坚韧。弟弟生活艰辛动荡，受尽磨难，性格也变得刚毅果断，与二十年前相比，相差很大。最苦最难的时候，他也曾后悔过，怨恨过，但已经选择了，已经没有退路，只能一往无前，坚定不移地往前走。经历了人生的起伏跌宕，他最终创下了一份属于自己的事业。这个时候，他才真正理解父亲，并深深地感谢父亲。

人生哲理

人的一生中总是充满了选择，每一种选择都携带着快乐和痛苦。快乐是一种营养，痛苦是比快乐更丰盛的营养，它们共同滋补着人生，让选择后的生命迸发出无限活力和蓬勃生机。

学会选择，懂得放弃

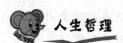

法国杰出的启蒙哲学家卢梭认为现代人物欲太盛，他说："10 岁时被点心、20 岁被恋人、30 岁被快乐、40 岁被野心、50 岁被贪婪所俘虏，人到什么时候才能只追求睿智呢？"人心不能清净，是因为物欲太盛；人生在世，

不能没有欲望，除了生存的欲望以外，人还有各种各样的欲望，欲望在一定程度上是促进社会发展和自我实现的动力。可是，欲望是无止境的，尤其是现代社会物欲更具诱惑力。如果管不住自己的欲望，任它随心所欲，就必然会给人带来痛苦和不幸。

老虎和猎豹一同狩猎。天快黑了，猎豹说："虎弟，我们的猎物已够多的了，现在就回家吧。"

"再等一会儿，我还想猎一只羚羊什么的，才猎了几只野兔，你就觉得满足了，真是没出息。"

突然，一只羚羊从它们身旁一闪而过。老虎立即撒开四腿，猛追过去。却不曾想，天黑路滑，脚下一松劲，滚下了山坡。

等猎豹赶到山坡下时，老虎只剩下最后一口气了。

"猎豹兄，请告诉我儿子一句话：即使拥有整个世界，一天也只能吃三餐，睡一张床。"说完这句话后，老虎便断了气。欲望越大，人越贪婪，人生越容易致祸！如果你能做到"身外物，不奢恋"，你就就不会像伊索寓言里所讲的那样："有些人贪婪，想得到更多的东西，却把现在所有的也失掉了。"

从前，有两位很虔诚、很要好的教徒，决定一起到遥远的圣山朝圣。两人背上行囊，风尘仆仆地上路，誓言不达圣山朝拜，绝不返家。

两位教徒走啊走，走了两个多星期之后，遇见一位白发年长的圣者。这圣者看到这两位如此虔诚的教徒千里迢迢要前往圣山朝圣，十分感动，告诉他们："这里距离圣山还有十天的脚程，但是很遗憾，我在这十字路口就要和你们分手了，而在分手前，我要送给你们一个礼物！什么礼物呢？就是你们当中一个人先许愿，他的愿望一定会马上实现；而第二个人，就可以得到那愿望的两倍！"

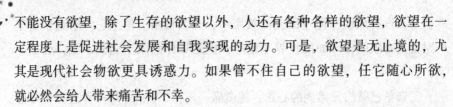

此时，其中一教徒心里一想："这太棒了，我已经知道我想要许什么愿，但我不能先讲，因为如果我先许愿，我就吃亏了，他就可以有双倍的礼物！不行！"而另外一教徒也自忖："我怎么可以先讲，让我的朋友获得加倍的礼物呢？"于是，两位教徒就开始客气起来，"你先讲嘛！你比较年长，你先许愿吧！""不，应该你先许愿！"两位教徒彼此推来推去，"客套地”推辞一番后，两人就开始不耐烦起来，气氛也变了：“你干嘛！你先讲啊！”“为什么我先讲？我才不要呢！”

两人推让到最后，其中一人生气了，大声说道：“喂，你真是个不识相、不知好歹的人，你再不许愿的话，我就把你的狗腿打断，把你掐死！”

另外那个人一听，没有想到他的朋友居然变脸，竟然来恐吓自己！于是想，你这么无情无义，我也不必对你太有情有义！我没办法得到的东西，你也休想得到！于是，这个教徒干脆把心一横，狠心地说道：“好，我先许愿！我希望我的一只眼睛瞎掉！”

很快地，这位教徒的一个眼睛马上瞎掉，而与他同行的好朋友，也立刻两个眼睛都瞎掉了。

原本，这是一件十分美好的礼物，可以使两位好朋友互相共享，但是他们的贪念左右了心中的情绪，所以使得好友变成仇敌，更是让原来可以双赢的事，变成两人瞎眼的双输！

可见，欲望能够毁灭我们的一切，所以，对一些身外之物，能放弃的就放弃，能给予的就大方地给别人。

人生哲理

当我们对物质和金钱的索取不再贪婪时，精神上就会获得解放，心情也会随之放松起来，在这种平和的心态下，我们更容易感受到生活的乐趣，谁说这不是人生的另一种收获呢？

一定要有放弃的勇气

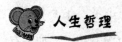

放弃，对每个人来说都是件痛苦不堪的事情。然而，在适当的时候，放弃也是一种智慧。俄国作家托尔斯泰写过一则短篇故事：有个农夫，每天早出晚归地耕种一小片贫瘠的土地，但收成很少。一位天使可怜农夫的境遇，就对农夫说，只要他能不断往前跑，他跑过的所有地方，不管多大，那些土地就全部归他所有。

于是，农夫兴奋地向前跑，一直跑，一直不停地跑！跑累了，想停下来休息，然而，一想到家里的妻子和儿女，都需要更大的土地来耕作，来赚钱啊！所以，又拼命地再往前跑！真的累了，农夫上气不接下气，实在跑不动了！可是，农夫又想到将来年纪大，可能乏人照顾，需要钱，就再打起精神，不顾气喘不已的身子，再奋力向前跑！

最后，他体力不支，“咚”地倒躺在地上，死了！

假如这位农夫懂得放弃，就能与家人一起享受幸福的生活而不是因贪而失去生命了。

在生活中，我们像这位农夫一样，时刻都面临着取与舍。遗憾的是，也有人像农夫一样，总是渴望着取，渴望着占有，而常常忽略了舍，忽略了占有的反面——放弃。事实上，只有懂得了放弃的真意，才能理解“失之东隅，收之桑榆”的真谛。一个懂得适时地有所放弃的人，才能获得内心的平衡，才能获得快乐的生活。

一个老人在行驶的火车上，不小心把刚买的新鞋弄掉了一只，周围的人都为他惋惜。不料那老人立即把第二只鞋从窗口扔了出去，让人大吃一惊。老人解释道：“这一只鞋无论多么昂贵，对我来说也没有用了，如果有谁捡到一双鞋，说不定还能穿呢！”

显然，老人的行为已有了价值判断：与其抱残守缺，不如断然放弃。我们都有过失去某种重要的东西的经历，且大都在心理上投下了阴影。究其原因，就是我们并没有调整心态去面对失去，没有从心理上承认失去，总是沉湎于已经不存在的东西。普希金在一首诗中写道：“一切都是暂时的，一切都会消逝；让失去的变为可爱。”有时，失去不一定是忧伤，反而会成为一种美丽；失去不一定是损失，反倒是一种奉献。只要我们抱着积极乐观的心态，失去也会变得可爱。

一只狐狸被猎人用套套住了一只爪子，它毫不迟疑地咬断了那只小腿，然后逃命。放弃一只腿而保全一条生命，这是狐狸的哲学。人生亦应如此，当生活强迫我们必须付出惨痛的代价以前，主动放弃局部利益而保全整体利益是最明智的选择。智者云：“两弊相衡取其轻，两利相权取其重。”趋利避害，这也正是放弃的实质。

在欧洲，有一首流传很广的民谚：为了得到一根铁钉，我们失去了一块马蹄铁；为了得到一块马蹄铁，我们失去了一匹骏马；为了得到一匹骏马，我们失去一名骑手；为了得到一名骑手，我们失去了一场战争的胜利。

为了一根铁钉而输掉一场战争，这正是不懂得及早放弃的恶果。

生活中，有时不好的境遇会不期而至，使得我们猝不及防，这时我们更要学会放弃。放弃焦躁性急的心理，争取活得洒脱一些。

人之一生，需要我们放弃的东西很多。比如放弃屈辱留下的仇恨，放弃失恋带来的痛楚，放弃浪费精力的争吵，放弃心中所有难言的负荷。放弃没完没了的解释，放弃对权力的角逐，放弃对名利的争夺……一切恶意的念头，一切源于自私的欲望，一切固执的观念都应该放弃。

然而，放弃并非易事，需要非凡的勇气。面对诸多不可为之事，勇于放弃，是明智的选择。

人生哲理

只有毫不犹豫地放弃，才能重新轻松投入新生活，才会有新的发现和转机。

当断不断，反受其害

“当断不断，反受其害。”先人留下的这句话深刻地说明了遇事立即做出决定的重要性。但在生活中，却不乏遇事优柔寡断、患得患失、瞻前顾后的人，这类人因为优柔寡断到了无可救药的地步，所以遇事不敢做出决定，不敢担负起应负的责任。

在工作中，他们怕做错事或做不好事，表现得畏畏缩缩，不敢主动承担艰巨的任务；在家庭里，这类人是永远也“断不了奶”的孩子，遇到需要做出决策的事情时，则表现得犹豫不决或过度依赖他人的意见；即使在遇到自己喜欢的人时，也犹豫着不敢表明自己的感情，以至错过一段美好的姻缘……

因此，当我们哀叹自己在公司里“原地踏步”，而与自己一同进公司的伙伴已成为自己的上司时，不要抱怨自己运气不好，要及时检讨自己，自己之所以无法获得事业上的成功，是不是在工作中有优柔寡断的习惯？在家里是“二等公民”时，不要痛恨兄弟姐妹不讲情面，而要反省自己，当家庭中遇到重大事情，需要你做出决定时，你是不是瞻前顾后，经过反反复复考虑之后，仍然拿不定主意？

当你暗恋了多年的女孩走向红地毯，成为别人的新娘时，你不要怨恨她的无情，而要检讨自己，多少次女孩期待你亲口对她说出那三个字，可懦弱的你，却总是犹犹豫豫地难以启齿，造成今天这样的局面，负主要责任的是你自己。

美国加利福尼亚大学在一份分析了3000多名失败者的报告中得出结论：30多种常见的失败原因中，优柔寡断占据榜首。因此，可以这样说，生活中那些成功者大都是遇事当机立断，迅速做出决策的人。

老张是一家皮鞋公司的总经理助理。一次，总经理出差在外，秘书送来一份传真，是A市一位代理商要求公司给他发一批价值150万元的刚上市的新款皮鞋，并且要求立即发货。但按照公司的规定，这么大的一笔金额的皮鞋出库，必须要总经理亲自签字才行，否则，仓库管理人员是不会同意出库的。

老张立即和总经理联系，可总经理的手机却关机了。老张看了一下时间，此时总经理应该正在飞往澳大利亚的飞机上。怎么办呢？如果不立即签字发货，就赶不上今天去A市的最后一班列车。

于是，老张不再犹豫，他拿起笔，模仿总经理的字体在发货单上签了字。

“你应该慎重考虑一下再这样做，现在这件事只有我一个人知道，你收回发货单还来得及。”秘书小姐善意地提醒道。

“不，来不及了。现在市场竞争这么激烈，这款新式皮鞋早一天上市，就能早一天占领市场，再说，代理商也催得很急。”

“可是，总经理的权威是不能侵犯的，你应该再考虑考虑。事实上，你不签字，到时候总经理回公司，也没理由责怪你，而且这样做，你可以不承担任何责任。”

“但如果那样做的话，公司就有可能失去一位极有价值的代理商。我不能再犹豫，不能有任何的拖延。我不认为自己的选择是错误的！”老张并不为自己的行为感到后悔。

一个星期后，总经理回到了公司。在机场，总经理听到接他的秘书说了老张因自己不在公司而冒名顶替自己签名的事后，一句话也没有说，只是脸色有些难看。老张见总经理同到公司后，立即来到他的办公室。未等老张开口，总经理就说道：“你不用解释了，事情我都知道了。坦白地说，我痛恨你这种‘犯上’的行为！”

“总经理，我……”老张刚想为此事道歉。

没想到总经理话锋一转，脸上也由阴转晴，“不过，我也最欣赏你这种当机立断、敢作敢为的精神，谢谢你！你为公司立了一大功。”总经理说完，走上前去，亲切地拍了拍老张的肩膀，“从现在开始，你就是公司的副总经理了，主管销售业务。我已经上年纪了，把公司交给像你这样能果断决策的人，我放心！”

毫无疑问，假如当初老张瞻前顾后、前怕狼后怕虎地不敢在出库单上签字，总经理回来后，绝不会责怪他，但他也就失去了成就自己一生事业的最佳机会。因此，凡事当机立断，是最明智的选择。只要是自己认定的事情，就绝不能瞻前顾后、犹豫不决或优柔寡断，否则，即使你有良好的专业技能，高尚的品德，如果被犹豫不决的习惯所左右，你就很难赢得别人的尊重和信任，你的上司、同事也会因此而对你失去信心，你也会因此而失去承担重要工作的机会，只会平平庸庸、碌碌无为地度过一生。

曾滔是一家食品公司的采购员。一次，公司派他到某地采购一批红枣。等到了某地后，曾滔发现枣农们已经联合起来，他们开出的价格每公斤要比往年高出一元钱。曾滔见价格比往年高，便犹豫着没有签订采购合同，而是在那里软磨硬泡，希望枣农们能把价格降下来，但枣农们没有同意。这一拖就是三天。在这三天中，曾滔并没有把枣农们的意见迅速反馈给公司，而是跑了好几个枣园，但价格都是一样。

第四天，就在曾滔犹豫着是等枣农们降价再采购还是向公司领导汇报此事时，南方某市的一家大型食品公司的采购员也来到这里采购，当他接过枣农的报价后，几乎没有犹豫，就与枣农们签订了一大笔合同，并立即预付了定金。

曾滔知道后，急忙给公司打电话，告之此事。公司领导批示他立即按照枣农要求的价格与其签订合同。曾滔接到指示后，忙准备去与枣农们订合同。但一切都已经晚了，枣农们手里最上等的红枣已被后来的那家公司全部定购了。

原来因气候原因，当地大枣欠收，且品质优良的是少之又少。那家公司的采购员了解实际情况后，便毫不犹豫地与枣农们签订了订购合同。

曾滔两手空空地回到了公司。公司领导知道整件事情的经过后，一纸调令，曾滔从人人羡慕的采购部门被“下放”到了仓库，成了一名管理员。

如果曾滔遇事能当机立断，立即做出决定，作出最明智的选择，那么现在的他应该是公司的得力干将，而不是成为一名普通的仓库管理员了。

人生哲理

很多时候，上苍不是没有赋予我们成功的机会，而是我们在犹豫之间，让机会错过了，所以，一辈子碌碌无为，无法获得成功。

自我进步的阶梯——自省

人生最大的敌人是自己，只有时时自省、弥补缺点、纠正过错，才能进步。每个人都有自己的优点和缺点，而我们自己却看不到自身的缺点，如果任它泛滥，对我们的人生就会产生致命的伤害。与其回避自身的缺点，不如去克服它，战胜它。

要不断地突破自我

可以这样说，一个人要想取得成功，就要本着高调做事的态度去不断突破自我。

克里斯蒂在美国一家大公司工作。他从小到大，绝对称得上是一位专业的担忧者。他担忧的事千奇百怪、无所不包，有些是真实的，但大部分是子虚乌有。

两年前，他开始了一种新的生活方式，他表示他得分析自己的缺点——以及少数几个优点——一种自我整理。这一次，他忧虑的原因终于“水落石出”，问题出在他没办法只面对今天，他总是悔恨昨天的差错，并担忧明天的事。

“今天正是我昨天所担忧的明天。”这句话他说了不知道有多少遍，可是一点儿用也没有。有人建议他执行24小时计划，也有人告诉他今天是他唯一可以控制的，并应尽量利用每天的机会。他听说只要他照样做，就会忙得没时间去为过去或未来烦恼。这些都非常合理，只是对他不管用。

忽然间，他找到了答案，那是在1945年5月31日早晨7点在西北铁路公司的站台上发现的。他送朋友去搭火车，他们度完假准备搭火车回家，时值战争时期，因此车站上人潮汹涌。他不想挤到火车上去，因此信步走到火车头边。他驻足看了一下又大又光亮的引擎，接着他看到一盏巨大的信号灯，正亮着黄灯。一瞬间它忽然转成绿色。就在一刹那间，引擎启动，铃声大作，并听到熟悉的声音："登车完毕！"几秒钟之内，火车就朝遥远的目的地前进了。

克里斯蒂的脑子动了起来，有些想法灵光一闪，他在一刹那想通了。火车技师帮助他找到了答案，那位技师虽然面对着漫长的旅程，但他只管面前的这盏绿灯。如果是克里斯蒂的话，他一定把整个旅程的所有绿灯都预见了。难怪他一事无成，因为他总是预见前程所有的麻烦与问题。

克里斯蒂思如泉涌，那位技师并不去担心几里外可能遇到的麻烦，说不定等一会儿要误点、延迟。不过那也正是设立讯号系统的原因，不是吗？黄灯表示减速，不用急，红灯则表示前方有危险，应立即停止，好的讯号系统就是为了维持火车行车的安全。

克里斯蒂自忖，何不为自己的人生设立良好的信号系统呢？克里斯蒂知道他与生俱来就拥有这一套系统，既然是上天所赐，系统本身就不应该有问题。他开始找寻绿灯。

克里斯蒂每天早晨都作祈祷，找到他当天的绿灯，有时他也会得到要他减速的黄灯，还有的时候，他会得到禁行的红灯，以免情况的恶化。

自从有了那样的发现之后，克里斯蒂就不再自寻烦恼。两年中，他生命中出现了很多绿灯，他不再担心下一站会是什么颜色的灯，这使他的日子变得轻松了许多。不论遇到什么颜色的灯，他都有把握应付自如。

人生哲理

希望你也能找到自己的"绿灯"，只面对今天，不要为昨天的失利而悔恨，也不要担忧明天的成功与否。

不要居功自傲

凡看过电视连续剧《雍正王朝》的朋友，一定会对年羹尧留下深刻印象。这位显赫一时的年大将军曾经屡立战功，威震西陲，满朝文武无不服其神勇，同时也得到雍正帝的特殊宠遇，可谓春风得意。但很快又风云骤变，弹劾秦章连篇累牍，各种打击接踵而至，直至被雍正帝削官夺爵，列大罪92条，赐自尽。一个叱咤风云的大将军最终落此下场，实在令人扼腕叹息。

年羹尧，字亮工，号双峰，汉军镶黄旗人，还不到30岁就破格提升为四川巡抚，成为封疆大吏。对于康熙的格外赏识和破格提拔，年羹尧感激涕零。到任之后，年羹尧很快就熟悉了四川通省的大概情形，提出了很多兴利除弊的措施。而他自己也带头做出表率，拒收节礼，“甘心淡泊，以绝徇庇”。康熙对他在四川的作为非常赞赏，并寄予厚望，希望他“始终固守，做一好官”。

雍正即位之后，年羹尧更是备受倚重，和隆科多并称雍正的左膀右臂。

年羹尧不仅在涉及西部的一切问题上大权独揽，而且还一直奉命直接参与朝政。他有权向雍正打小报告，把诸如内外官员的优劣、有关国家吏治民生的利弊兴革等事，随时上奏。他还经常参与朝中大事的磋商定夺。

在有关重要官员的任免和人事安排上，雍正则更是频频与年羹尧交换意见，并给予他很大的权力。在年羹尧管辖的区域内，大小文武官员一律听从年羹尧的意见来任用。

雍正跟年羹尧的私交也是相当融洽，并且给予特殊的荣宠。雍正觉得，有年羹尧这样的封疆大吏是自己的幸运，如果有十来个像他这样的人的话，国家就不愁治理不好了。平定青海的叛乱后，雍正极为兴奋，把年羹尧视为自己的“恩人”，他也知道这样说有失至尊的体统，但还是情不自禁地说了。

雍正对年羹尧的评价传之久远，雍正还要求世世代代都要牢记年羹尧的丰功伟绩，否则便不是他的子孙臣民：“不但实心倚眷嘉奖，朕世世子孙及天下臣民当共倾心感悦。若稍有负心，便非朕之子孙也；稍有异心，便非我朝臣民也”。

至此，雍正对年羹尧的宠信到了无以复加的地步，年羹尧所受的恩遇之隆，也是古来人臣罕能相匹的。

当时的年羹尧，可谓志得意满。

年羹尧的失宠是以雍正二年第二次进京谒见为导火线的。在赴京途中，他令都统范时捷、直隶总督李维钧等跪道迎送。到京时，黄缰紫骝，效迎的王公以下官员跪接，年羹尧安然坐在马上行过，看都不看一眼。王公大臣下马向他问候，他也只是点点头而已。更有甚者，他在雍正面前，态度竟也十分骄横，“无人臣礼”。年羹尧进京不久，雍正奖赏军功，京中传言这是接受了年羹尧的请求。又说整治阿灵阿（皇八子胤禩集团的成员）等人，也是听了年羹尧的话。这些话大大刺伤了雍正的自尊心。

年羹尧结束谒见回任后，接到雍正的谕旨，上面有一段论述功臣保全名节的话：“凡人臣图功易，成功难；成功易，守功难；守功易，终功难……若倚功造过，必致反恩为仇，此从来人情常有者。”可见，雍正改变了过去嘉奖称赞的语调，警告年羹尧要慎重自持，此后年羹尧的处境便急转直下。

分析年羹尧失宠获罪的原因，大致有以下几点：

第一，擅作威福，年羹尧自恃功高盖世，骄横跋扈之风日甚一日。他在官场往来中趾高气扬、气势凌人，把同官视为下属，甚至蒙古扎萨克郡主额驸阿宝见他，也要行跪拜礼，这简直是凌辱皇亲。更有甚者，由他出资刻印的《陆宣公奏议》，雍正打算亲自撰写序言，尚文写出，年羹尧自己竟拟出一篇，并要雍正帝认可。年羹尧在雍正面前也行止失议，“御前箕坐，无人臣礼”，使雍正颇为不快。

第二，结党营私。凡是年羹尧所保举之人，吏、兵二部一律优先录用，号称“年选”。

第三，贪敛财富。年羹尧贪赃受贿、侵蚀钱粮，累计达数百万两之多。雍正朝初年，整顿吏治，惩治贪赃枉法是一项重要改革措施。在这种节骨眼上，一贯标榜廉政的雍正是不会轻易放过的。

然而，雍正对年羹尧的惩处也在有计划、有步骤中进行。最后一步，就是勒令年羹尧自裁。年羹尧调职后，内外官员更加看清形势，纷纷揭发其罪状。雍正以服从群臣所请为名，尽削年羹尧官职。但念及年羹尧功勋卓著、名噪一时，“年大将军”的威名举国皆知，如果对其加以刑诛，恐怕天下人心不服，自己也难免要背上心狠手辣、杀戮功臣的恶名，于是表示开恩，赐其狱中自裁。年羹尧父兄族中任官者俱革职，嫡亲子孙发遣边地充军，家产抄没入官。叱咤一时的抚远大将军以身败名裂、家破人亡告终。

综观年羹尧的人生历程，尤其雍正的恩宠怨恨，真像演戏一般。像他这样大起大落的例子，在历史上并不多见，作为功臣，不管建有多大的功勋，一旦作威作福，恣意妄为，就会晚节不保。如果再遇上猜忌心重，难以容忍的帝王，则必然导致身败名裂的悲惨下场。

年羹尧的所作所为的确引起了雍正的极度不满和某种猜疑。年羹尧本来就职高权重，又妄自尊大、违法乱纪、不守臣道，招来君臣的侧目和皇帝的不满与猜疑也是必然的。雍正是个自尊心很强的人，又喜欢表现自己，年羹尧的居功擅权将使皇帝落个受人支配的恶名，这是雍正所不能容忍的，也是他最痛恨的。

人生哲理

“狡兔死，走狗烹。”骄傲自大，目中无人只会给自己带来无尽的麻烦。有时甚至能让你的成功变为置你于绝境的失败。

要有主见

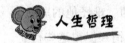

十个人就会有十种不同的想法，因此，要想讨好每一个人，使别人都满意，那只能是一种臆想。当你抛弃自己的主见，而盲从别人的意见，只能迷失自己的方向，从而与成功无缘。要想成功，就一定要坚持自己的意见，忠于自己的想法。

生活中有的人总是根据其他人——父母、亲人、教授、朋友的意见，选择他们的职业生涯和生活方向。

“你应该做医生、律师、飞机驾驶员、音乐家”，这是非常有强力的信息，尤其是当他们一再重复，与地位、特权、社会认可和其他心理赞赏连在一起时，这些人就更难以拒绝。

下面这个简单的实例很能说明问题：小张从小就被告知，将来他要做律师让父母以他为荣。他成长时知道这是他讨好妈妈和爸爸的唯一方法。所有的亲戚也都期待他会选择这条路。这些年来，家人常常提到这位“未来的律师”。家庭成员中也有两位律师。这两位都功成名就，家中每个人都很景仰他们。

后来小张真的成了一名律师。但是他讨厌法律圈，而且也为赚不到大钱感到挫折不已。他的朋友和同事觉得有趣而兴奋的法律层面，他却觉得枯燥而困难。他挣扎了好多年，终于觉得自己快发疯了。

透过短期的心理咨询，小张发现，由于害怕使父母失望，他被迫进入一个无法给他任何成就感的行业。

发现这个恐惧来源以后，他拜访了一位职业顾问，通过一系列的测验后发现，他的法律适应度在所有的受测律师中是最低的。难怪他的职业会失败！他只能勉强合格。测验显示，他比较适合市场营销和促销这些行业，他趁机改变方向。如今他不但喜欢他的新行业，而且生意兴隆。他的许多行销点子都是天生赢家，他很快就变成了“热门的抢手货”，他的经济生活很快就有了极大的扭转。如今，他十分富有，更重要的是，他很快乐。

这个实例所传达的信息极为重要：我们想要取得最好的成功机会，必须先消除恐惧，包括害怕别人反对的恐惧。请检查你进入你选择的职业生涯的原因。究竟是不是出于真正的喜悦？你有没有得到你以为你会得到的注意力？如果这些问题的答案是否定的，你大概就该调整新行业了。如果有必要，找个心理学家或职业生涯顾问，他们可能可以在这件事情上给你一些启发，或者提供你一些有用的指引。不论你需要做什么，都值得你努力一试。如果你改行去做别的，因为这才是你真正喜爱的，而非你以为这是“该做的事”，你离成功之路可能就比你所梦想的要接近多了。

还有的人，总是想讨好每一个人，有人叫他朝东他就朝东，有人叫他朝西他就朝西，结果永远达不到目的。

有这么一则寓言故事，相信你读后一定颇有启发。

一天，父子俩赶着一头驴进城，子在前，父在后，半路上有人笑他们：“真笨，有驴子竟然不骑！”

父亲觉得有理，便叫儿子骑上驴，自己跟着走。走了不久，又有人说：“真是不孝的儿子，竟然让自己的父亲走路！”

父亲赶忙叫儿子下来，自己骑上驴背。走了一会儿，又有人说：“真是狠心的父亲，自己骑驴，让孩子走路，不怕把孩子累死？”父亲连忙叫儿子也骑上驴背，这下子总该没人有意见了吧！谁知又有人说：“两个人骑在驴背上，不怕把那瘦驴压死？”

父子俩赶快溜下驴背，把驴子四只脚绑起来，一前一后用棍子扛着。经过一座桥时，驴子因为不舒服，挣扎一下，结果掉到河里淹死了！

人生哲理

不要指望让所有人都喜欢你，你又不是人民币！

口不择言太伤人

在与人交谈中，慷慨激昂，锋芒毕露，固然是一种本事。但说话没有分寸，口不择言，却也是一种毛病，口无遮拦，结果会把事情搞砸。

“你会说话吗？”这样问你，你一定觉得可笑，只要是正常人，说话谁不会？实际上，问题并没有那么简单。谁都会说话，但有人说话总是没有分寸，口不择言，像机关枪，一阵狂扫，只顾自己快活，不顾别人感受。

我们还是先看几个笑话：

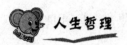

一剃头师傅家被劫。第二天，剃头师傅到主顾家剃头，愁容满面。主

顾问他为何发愁，师傅答道：“昨夜强盗将我一年积蓄劫去，仔细想来，只当替强盗剃了一年的头。”主人怒而逐之，另换一剃头师傅。

这师傅问：“先前有一师傅服侍您，为何另换小人？”

主人就把前面发生的事细说了一遍。这师傅听了，点头道：“像这样不会说话的剃头人，真是砸自己的饭碗。”

说话用词不当也会引起别人的不快。

有一次，一个人举办寿宴，在寿宴上，客人同说“寿”字酒令。一人说“寿高彭祖”，一人说“寿比南山”，一人说“受福如受罪”。

众客道：“这话不但不吉利，且‘受’字也不是‘寿’字，该罚酒三杯，另说好的。”

这人喝了酒，又说道：“寿夭莫非命。”

众人生气地说：“生日寿诞，岂可说此不吉利话。”这人自悔道：“该死了，该死了。”

另外，语义含糊也易引起对方的误会。

有一人请客，四位客人有三位先到。这人等得焦急，自言自语道：“哎，该来的还没来。”

一客人听了，心中不快：“这么说，我就是不该来的来了？”告辞走了。

主人着急，说：“不该走的又走了。”另一客人也不高兴了：“难道我就是那该走又赖着不走的？”一生气，站起身也走了。

主人苦笑着对剩下的一位客人说：“他们误会了，其实我不是说他们……”

最后一位客人想：“不是说他们就是说我了。”主人的话未完，最后一位客人也走了。

由此看来，如果我们说话时不加检点，就可能伤人败兴，引起误解，惹怨招尤。我们要注意说话的场合、对象、气氛，不要口不择言，想说就说。像有些人去菜市场，问卖肉的：“师傅，你的肉多少钱一斤？”或饭馆服务员上一盘香肠，说：“先生，这是你的肠子。”这类生活中的笑话，就是对说话的坏毛病不加注意引起的。

明人吕坤认为，说话是人生第一难事。像上面所说的情况，还不是太难的。只要注意语言修养，慢慢就会克服我们说话的纰漏和不足之处。说话难，最要命的就是说真话，说实话。

说话难，但也不能就此闭口不言，学会怎样说话就是很重要的事了。

技巧是要学习的，但这并不意味着我们可以放弃原则，指鹿为马，曲意逢迎。如果违心地说话，那技巧就变成了恶行。崔永元说得好："也许有一天我们会讨论技巧，我们用酒精泡出了经验，我们得意地欣赏属于自己的一份娴熟时，发现我们丢了许多东西，那东西对我们很重要。"

说话不坚持原则，丢掉的就是人格。说话这事，孩子不会觉得难，因为孩子们单纯，怎么想就怎么说。只有大人们觉得是道难题。大人们知道左顾右盼、思前想后，知道掂量和玩味。生活中见人说人话，见鬼说鬼话的实在太多了。明明是这么回事，有人偏偏说成那么回事。刚才还这样讲，一转脸又那样讲了。这样随风转舵，看人下菜，言不由衷，自欺欺人，活得多累，又多没意思。

俄国作家契诃夫笔下的"变色龙"就是这样很"累"地不断自打嘴巴地说话的。我们做人可不能这样。

那么，如果我们实在想说，如鲠在喉，不吐不快，又不知道该怎么说时，怎么办？崔永元出了个主意：那就实话实说，就像来自德国的教练施拉普纳对中国足球运动员说的"当你不知道该把球往哪儿踢时，就往对方球门里踢！"

这是解决说话难的最终办法，曲意逢迎只能避开一时的麻烦，得到的是良心上的永久不安。但是切忌口不择言，实在不能说时，就宁可保持沉默。

另外，特别需要指出的是，不能在背后议论同事，即使你的领导已主动开了头。

有一天，刘科长突然问小刘："你觉得魏某这个人怎么样？"

一时间，小刘不知道如何应答才好。这是关于人格性情的问题，如果回答，无疑是背后说人闲话了。

"谁人背后无人说，谁人背后不说人。"这话虽然说得有些绝对，却也说明了一个道理，那就是，大多数人都多多少少地在背后说过别人，只是所说的是好话还是坏话便无从考证了。不过有一点，经常在背后说别人坏话的人，肯定是不受欢迎的人。因为凡是有点头脑的人，都会自然而然地这么想：这次你在我面前说别人的坏话，下次你就有可能在别人面前说我的坏话。这样一来，你在别人心中的印象就不可能好到哪儿去了。

人生哲理

言多必失，口不择言更是要不得，出口伤人必然破坏人际关系。

常立志不如立长志

实现梦想需要立志，但这志向不能滥立，要始终有一个明确而又清晰的志向，也就是说要能立长志。

美国总统威尔逊曾经说："我们因为有梦想而伟大，所有的伟人都是梦想家，他们在春天的和风里，或是冬夜的炉火边做梦，有些人听凭自己的伟大梦想枯萎而凋谢，但也有人灌溉呵护梦想，在艰难困苦的日子里精心培育梦想，直到有一天得见天日。"

有的人并非不立志。恰恰相反，他们是经常立志。这种毛病从小时候就养成了。比如，看了某则童话，公主和王子的故事，心里就想：我将来一定要当个王子，想吃多少糖就吃多少糖。

长大一点，看了某部警匪片，不想当王子了，想当个警察，多威风啊！再长大一点，看了某部武侠小说，又不想当警察了，不如当个武林高手，一腿扫倒一大片。再长大一点，听了某场歌星演唱会，觉得还是当一个歌星比较合算，唱一首歌能得到那么多鲜花和掌声。

小时候心智未开，胡思乱想常立志，是正常现象。可是，很多人却将这种小时候的幻想保持到了成年：有时想在学业上求些长进，有时想在商业上有些作为，有时又想在政坛上有所造就，却总是静不下心来专做哪一行。这好比走路一样，这条路上走走，那条路上走走，终生不能到达你想去的地方。

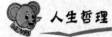

如果你能将自己的志向视为必然，认为除了自己，再也没有力量可以

阻挡你，而将外界环境，外界的所有一切——对你生命的折磨，对你人生的摧残，都视为远离本体的一种虚无，一种世界的摆设，视为上帝在你面前装出的样子，能超出这种本来虚无的摆设式的苦难。那么，失败就会与你无缘，成功就会与你同行。

这种专心致“志”，无所畏惧的力量，足以让常人断定为失败的事情在你手中取得成功。

古人云：“泽水困，君子以致命遂志。”这句话的意思是说，君子处在困境中，也要积极实现志愿，以生命相终始，身可死而志不可夺，虽在困境仍不气馁。所以苏轼说：“古之立大事者，不惟有超世之才，必有坚韧不拔之志。”

有大志的人，虽然可能实现不了自己的志向，成就一番事业，但是无大志的人必然不能创出大事业。韩非子说：“天下未有有其志而无事者，亦未有无其志而有其事者。”

无论做什么事，先要立定志向，有了志向，事就能成。立下大志后，尤其要有坚韧不拔，不惜以生命相搏的气概。正如林肯所说的那样：“喷泉的高度绝对不会超过火源的高度，事业也是一样，一个人所取得的成就绝对不会大过他的信念。”

做人若能将志气守持得住，把志气奋扬得起，又有什么事不可及，什么事不可做呢？有志者而事不成，只在于立志不坚定，中途遇阻拦就放弃了。所以拿破仑说：“真正的才智，就是刚毅坚忍的意志力。”

凡是立志要干出一番事业，不甘于平庸生活的人，都应该时刻地检视自己的志向与抱负。立长志，并永远保持高昂斗志为之奋斗。要知道，一切都取决于我们的志向，志向决定着我们的人生。一旦它变得苍白无力，所有的生活标准都会随之降低。我们必须让理想的灯塔永远点燃，并使之闪烁出熠熠的光芒。

人生哲理

生命因梦想而伟大，而成就梦想离不开一个长远的目标与志向，只有在坚强的意志力、坚忍的决断力、充沛的体力以及顽强的忍耐力的支撑下，我们的志向才会实现，我们的梦想才会成真。

不能坐井观天，盲目自大

世界上有很多不美丽的东西，但其中最丑陋的便是“自大”。自大的毛病让你看不见别人的长处，从而一味地陶醉于自己已有的世界里。殊不知此时已离现实千里之远。

自大心理是怎样形成的呢？

心理学家认为，自大的人，是对“现实我”的认识和评价过度高估，偶有一得一见，便以为自己十分了不起，从而忘掉了现实中的“我”，开始进行种种“美妙”的设计，形成一种以自我为中心的“自我意识”。所谓“自我意识”是指人对于自己以及自己与周围事物的关系的一种认识；也是人认识自己和对待自己的统一。

自我意识包括自我观察、自我评价、自我体验、自我监督、自我教育和自我控制等内容。它是人在社会实践交往中，特别是由于语言和思维的发展，认识自身和环境而逐步形成和发展起来的。

有些人自我意识发展的特点之一是：对认识和评价自我充满了浓厚的兴趣，自我认识和评价的水平大为提高，但自我认识和评价的客观性与正确性还尚不够，还存在一定程度的盲目性。

由于青年的独立意识、自尊心的发展，常常会导致一种不必要的自负心理。他们特别喜欢寻找和评价那些自己有而他人没有的长处，同时，他们的自尊心、荣誉感也很强，总希望自己的形象在别人看来是肯定的、令人喜爱和有希望的。

这与读书时期的成绩好，踏入社会初期的顺利有关。由于这些人的父母对他们的要求百依百顺，使他们从小就成为家中的“小霸王”，事事以他为中心，因而养成了一种不懂得迁就别人及完全不能容忍挫折的性格。

有自大心理的人，需要对自己做一番全新的评价和估计，将自己从自以为是的陷阱中拉出来，并且重新学习与人相处。否则，在当前这种重视人际关系的社会环境中是难以立足的。

有一天，海上刮起大风，海浪掀起有一丈多高。住在海边的青蛙被大风刮到离海老远的一口枯井里。井底下住着一只青蛙，它听到“咕呱”一声就问道：“你是谁？从哪里来的？”

大海里的青蛙说：“我也是青蛙，我家住在大海里，是大风把我刮到你这里来了。”

井里的青蛙说：“你想回去吗？”

大海里的青蛙说：“我想回去，就是路远，我又迷失了方向，现在只得请你迁就迁就，让我和你在这井底下住些日子吧！”

井里的青蛙一听，觉得自己是天下的英雄，应该可怜可怜它。于是答应说：“行。”说完了就把井底分一份给了大海里的青蛙：

“我把天大的地方让给你一块，你就在这儿住下吧！”

大海里的青蛙谢过井底的青蛙之后，它俩就唠起嗑来：

“你住的大海，有多大呢？”

“很大很大！”

“能有我现在待的这块地方大吗？”

“比这要大得多呢！”

“什么？难道还能比这井大吗？”

“是的，比这井底要大得多，大海是广阔的，是无边无际的。你要是能跟我到大海里去看一看，就知道了。”

井底的青蛙从来也没出过井，不知大海多大，一听大海里的青蛙说住的地方要比这口井大，就恼怒了：“你说大海比这井大，我不相信，这准是你在向我夸口。我明白了，你这是小看我，瞧不起我这个地方。那好吧，对不起，请你回到大海里去吧！”

井底的青蛙终于赶走了大海里的青蛙。

井底之蛙就这样把井当做天，把自己当做天下唯一的英雄，在这口枯井里生活了一辈子。

谁都不是生活中的太阳，谁都应看看广阔的世界。那么，怎样纠正自大心理呢？

这一步是很重要的，因为自大的人通常都是以自我为中心，不懂得去迎合别人的需求。

长期坚持对他人的了解之后，自大者就会从自我世界中走出来，随之他的自以为是也会慢慢地消逝。

心理学家认为，达到或超过优异标准的愿望，是个人认真去完成自己所认为重要或者有价值的工作，并欲达到某种理想地步的一种内在推动力量，正是成就动机推动人们在各种行业里奋发图强。人要实事求是地评价自己的能力、知识水平，定出符合自己实际能力的奋斗目标。

人生哲理

虚心地取人之长，补己之短。诚然，谁都不可能成为无所不能、万事皆通的全才，然而，只要虚心向别人学习，善于把别人的长处变成自己的长处，那么他必定会越来越聪明，越来越进步。

心胸狭窄毁前程

心胸狭窄之人常常见识短浅，而且十分固执，犹如井底之蛙，不知天高地厚，自以为是，不听忠言。他们在自己性格所能控制的范围之内，常常游刃有余，而超越了这一范围，则会心有余而力不足，最后导致身败名裂。

当失败降临到你头上时，你做的第一件事是什么？是指天骂地，还是借酒消愁，甚或是破罐子破摔，肆意放纵？

世界上没有纯粹的事物，因而，失败的原因也必然是多种多样。然而，在如此众多的因素中，你是否首先想到了你的度量？因为，一个人的心胸如何，实实在在地关系着个人的成败得失。有句古话说：将军额头能跑马，宰相肚里能撑船。这无疑是说，个人器量之大小决定其才能的大小。量大者不可小用，量小者不可大用。命运的大小，就看其器量的大小。气量能容下一县之人，其命运充其量不过一县之令，气量能容一省之人，其命运不会超过一省之主，而气量能容举国之人，才具备了贵为天子的命运。

心胸狭窄之人很娇弱，而且具有很强的排斥心理，拒人于千里之外，就如同眼里容不得半点沙子。他们习惯于独来独往，保持一种孤傲的态势。

生活之中，心胸狭窄之人事业小成是没有问题的，但想要干一番宏图伟业，却无异于痴人说梦。

小梅是一个优秀的女孩子，她一直是爸爸妈妈的骄傲。还是在上幼儿园的时候，她就会看老师的眼色行事，深得老师的偏爱。上学以后，她的自学能力也非常强，学习成绩好，而且她不用纸笔的速算能力在全校也是数一数二的。同时，小梅又能歌善舞，学校的演出都少不了她……诸多的长处使小梅产生了一种优越感，而且这种优越感表现为——“我行，别人不行!”

小梅虽然成绩突出，有那么多值得骄傲的地方，但却存在一个致命的缺点——心胸狭窄，容不得别人比自己强，甚至受不了老师的一点点批评。上幼儿园时，她经常为了一些小事和小朋友发生矛盾。有一次，她和一个小朋友争吵起来，老师批评了她。她觉得自己很委屈，回家又哭又闹，逼着妈妈给她转幼儿园。妈妈拗不过她，只好给她换了一所幼儿园。

上了学，小梅的班主任和任课老师都挺喜欢她，但她心胸狭窄的坏毛病还是没有改。如果班上某个同学在哪方面超过了她，她就会非常气愤，想方设法打击、报复或者诽谤人家，以发泄心中的不满。同学们知道小梅有这样的毛病后，都疏远她。

有一次，老师表扬了别的班干部，而没有表扬她。老师说她学习好，工作能力强，就是工作方法上存在着一些问题，同学关系有时会出现一点紧张，希望她能稍微改变一下。老师说得很委婉，也很诚恳，但心高气傲的小梅哪里听得进去。为了这件事，小梅一连几天吃不下饭，也不说话，她觉得太不公平了，老师怎么能这样对待她呢？因此，她和同学的关系更紧张，有时也会跟老师闹矛盾。

人生哲理

心胸狭窄，自高自大，自以为是，听不进别人的意见，必然导致失败。

揭人短如打人脸

俗语说得好："恶语伤人六月寒!"言语伤人胜于刀枪。说出去的话好比泼出去的水，覆水难收。因此，那些揭人伤疤、道人之短的弱点，会使你失去很多朋友。

"良言一句三冬暖，恶语伤人六月寒。"这是人们常说的一句话，与人交谈要讲究艺术，有时候同样的意思通过不同的方式来表达，可能会收到截然不同的效果。

人世间没有十全十美的人，因为凡人皆有其长处，也难免有短处。在谈话当中，有的人专挑别人的短处来说，这种做法不仅使别人的尊严受到损害，而且还表现出你品德的缺点。

宇宙之大，谈话的资料取之不尽，何必一定要把别人的短处当做话题，把自己的快乐建立在别人的痛苦之上呢?

首先你要明白的一点就是，你知道的关于别人的事情不一定可靠，也许另外还有许多隐衷不是你所熟悉的事实。如果你贸然拿你所听到的片面之言宣扬，不是颠倒是非，就是混淆黑白。话说出口就收不回来了，一旦事后你彻底地明白了真相，你还能进行更正吗?有这样一个例子：

"张某借了王某的钱不还，存心赖账，真是卑鄙。"昨天你对一个朋友说，这话是从王某那儿听来的，他当然站在自己的立场说话。人都是觉得自己是对的，当然不易把话说得很公正。如果你有机会见到张某，他也许会告诉你，他虽然借了王某的钱，但有房屋契约押在王某那里。因为自己一笔钱被别人耽误了，到期不能清还，只好延长押期。当初王某表示若有需要延长押期时，随时可以延长押期，而今王某急于拿回现款，张某一时无法立刻付清，既然有抵押物，就不能说他是赖账。

事实上人与人之间的关系大半都是如此复杂，你若不知内幕，就不要信口开河。

现实生活中有一种人，专好推波助澜，把别人的是非编得有声有色，夸大其词地逢人就说，不知道世间有多少悲剧由此而生。虽然你不是这种人，而一旦谈论别人的短处时，也许你在无意之中就种下祸患的幼苗，而它要滋长到怎样的程度，并不是你所想象的那样。

想要成为一个受欢迎的人，最好是给自己定下一条戒律：除了颂扬别人的美德外，永远不要用议论别人的短处来侮辱你的口、侮辱你的人格，否则的话你将永远找不到一个愿意和你接触的朋友。

如果是别人向你说某人的短处也是一样，不可就表面的观察便在背后批评人家，除非这是好的批评。说一个坏人的好处，旁人听了最多认为你是无知。把一个好人说坏了，人们就会觉得你存心不良。

人生哲理

如果你茶余饭后要找谈话的资料时，则天上的星河，地上的花草，无一不是谈话的好题目，倒不必一定要说东家长、西家短，才能消遣时间。殊不知，说别人的短处，说不定就是自己的短处。

骄傲自大的人招人嫌

“人生得意须尽欢，莫使金樽空对月。”夹着尾巴做人，似乎有些窝囊。但处世过于骄傲，肯定很难得到他人的信任和帮助，甚至为人们所厌恶，成为攻击的对象，所以还是谦虚的好。

“一将功成万骨枯”，任何大的成功、丰功伟绩都不可能由一个人建立起来，都是靠无数仁人志士前赴后继，抛头颅洒热血积累起来的，没有他们，就没有所谓的盖世功名、英雄豪杰。如果一个成功者骄傲自满，把功劳全都占为己有，那他也就不是英雄，不是成功者了。事实上，不仅仅是大成功者，即使我们生活当中的每一个普通人，在取得成功后也都必须谨记万勿骄傲。

骄傲自大者多以为自己无所不能，自己取得的成功是多么的了不起。你听说过“夜郎自大”这句成语的来历吗？据说汉王朝统治中国时期，南方有一个部落，称夜郎国。汉使者来访夜郎国，夜郎王竟问使者：“汉朝有我夜郎大吗？”使者愕然。司马迁在后记中评道：“只知通道，故不知汉之广大。”“夜郎自大”成语便出自于此。

能取得成功，固然可喜可贺，令人敬仰，但成功者骄傲多一点儿就会令人讨厌多一点儿。人们对妄自尊大者，只会嗤之以鼻，拒之于千里之外。

汉光武帝即位后，蜀地有位叫公孙述的人，自立为王，与中央对立。与此同时，西北陇地的隗嚣族王，正困惑于不知应投靠光武帝还是归顺公孙述。于是派部下马援前往公孙述处打探。马援与公孙述原是旧知，他以为：我这次前往，公孙述定会像以前那样欢迎我。然而到蜀后，公孙述迎接他的态度如同冷水一样，十分地严肃、傲慢。看到这里，马援就对跟随的人说：

“够了！他们只是虚有其表，这种地方怎能容下天下之士呢？”

说完，便打道回府，报告隗嚣道：

“公孙述只是外强中干的家伙，充其量是个井底之蛙，不足信也。”

之后，马援又奉命去拜访光武帝，马援刚到不久，光武帝便亲自来迎接，笑容可掬地寒暄道：“久仰先生才名，今日一见，果然不同凡响！”

马援受宠若惊，说：“前几天我去拜访我的旧知公孙述，他却一副盛气凌人的姿态。这次与大王初见，即受到如此亲切的接见，不疑我是刺客，这到底是为什么？”

光武帝好言相慰，始终不摆架子。隗嚣王得知光武帝为人，便立刻率部投奔汉朝。可见，做人更应该谦逊、和蔼，这样人家才愿意亲近你，你做事才有群众基础；反之若高傲自大，人皆远之，你就真成了“孤家寡人”了。“谦虚使人进步，骄傲使人落后。”

人生哲理

成功者只有更加谦虚，才不至于落得“孤家寡人”的下场。

猜疑是毒药

天下本无事，庸人自扰之。譬如说猜疑，它常常平白无故地惹出一些令人费解的事端。猜疑之心令人迷惑，乱人心智，甚至有时使你辨不清敌与友的面孔，混淆了是与非的界限，使你的家庭遭受损失，并导致事业失败。

想想看，我们人与人之间常有的争执、吵闹、误会乃至过去很多的冤假错案，哪件事情不与猜疑有关呢？

在我们的传统文化里就有很多关于猜疑的教诲，如："疑人偷斧"、"人心隔肚皮"、"知人知面不知心"、"害人之心不可有，防人之心不可无"等。

好猜疑之人，不止一味心思地去揣测、怀疑别人，而且经常捕风捉影般地猜疑自己，白日做梦般地担忧灾难即将临头。

疑心病便是一种自我担忧的毒瘤。脉搏少跳了一下，怀疑自己的心脏出了毛病；有人患小儿麻痹症，自己的脖子有点僵，就害怕得要命；略微有点热度，就愁眉苦脸。幸而大多数人的这种忧虑都是不长久的。但是真正患疑心病的人，无时不在忧愁自己生病了。他们到处求医，反复进行各种身体检查。虽然检查结果并不支持任何躯体疾病的诊断，但是他们却不相信这无病的报告，仍坚持以自己躯体症状的自我感觉作为疾病的证据。甚至自己胡乱地买来一些自以为对症的药物大量吞服，这才心安。

成语"杞人忧天"就是用来讽刺那些好猜疑的人。说古时候杞国有个人，夜间走路总是担心天会塌下来，星星会掉下来砸在自己的头上。因此心里总是忐忑不安，夜晚不敢出门。

某大学曾对3200名男女生进行问卷调查，其中有一个问题是："在生活中，你最害怕什么？"有2800多名学生回答是："怕别人在背后议论自己。"如此高的比例，说明了一个道理，大多数青年总是猜疑别人对自己的看法，其实这反过来讲，就是青年人在社会交往中又总是对别人有疑心。

再让我们看看，在生活中如果两个小孩在外面打架，出来了两位母亲，一位是中国人，一位是外国人。中国的母亲很可能指着对方质问："你为什么打我的孩子？"而那位外国母亲则可能说："怎么？你们不友好了？"

由此可见，不同文化熏陶下的两位母亲，会说出两种不同的话。也可见，猜疑对我们每个中国人影响之大，它是我们民族心理的劣根性。如果我们的"理解万岁"是建立在猜疑基础之上的，永远不可能理解，何谈万岁。因为我们每个人从小都接受了猜疑的教育和影响，可以说人人都有猜疑之心。

要摒弃猜疑，必须对猜疑有深恶痛绝的认识。什么是猜疑呢？

猜疑是基于一种对他人不信任的、不符合事实的主观想象，是人际交往过程中的拦路虎。猜疑是各种不确切的信号在特定的生活背景中会聚而成的疑惑。它有时可以济事和成事，有时可以误事和坏事。对某些难以把握的事情有一点猜疑之心，使自己对生活中某些不测之灾早有心理准备，常能避免一些盲目的蛮干和贸然行为。

但问题严重的是，有一些人似乎神经过敏，动不动就捕风捉影地胡乱猜疑别人，怀疑了许多本不该怀疑的人和事，也相信了许多本不该相信的人和事，把怀疑一切和相信一切都绝对化，这便陷入了涉足社会的心理误区。陷入这些误区也就很有可能陷入了人生败局之中。

疑心，作为一种复杂的社会心理，产生的原因是多方面的。

首先是由于心理没有健康正常地发展，没有乐观通达的处世态度和坚强的自信心理，忧心忡忡，一步一步地内向化，经常处在自我封闭状态。他不知道每个人都有一个独立完整的个性世界，哪里会人人都有闲工夫专门搬弄你的是非呢？他总是用一己的狭隘偏见为尺度去衡量所有的人，即所谓以小人之心度君子之腹，以为人人都像他一样的思考。

其次是"心私则生疑"。这里的"私"主要是指自我意识太强，对周围人们的议论比较敏感，担心别人背后说不利于自己的话，于是便疑神疑鬼的，陷于一种自我恐惧的错误的自我防卫。渴望尊重和评价，又怕得不到，患得患失，无端地猜疑。

再次是误会。大千世界，万事万物，错综复杂，即使双方感情、友谊深厚，也难免有时会发生误解。于是错误地理解他人的言行，轻信流言蜚语，造成疑心，形成裂痕。

总之，不了解人，不了解世界，缺乏判断力，是造成好猜疑、神经过敏、判断错误、发生误会的主要原因。

有位伟人曾说过：“猜疑之心犹如蝙蝠，它总是在黑暗中起飞。”具有猜疑心理的人与别人交往时，往往抓住一些不能反映本质的现象，发挥自己的主观想象进行猜疑而产生对别人的误解，或者在交往之前对某人有某种印象，在交往之中就处处用这种成见效应与对方接触，对方一有举动，就对原有成见加以印证。虽然猜疑心理有种种表现，但我们可以发现其共同的特征，即没有事实根据，单凭自己主观的想象；抓住“毛皮”，忽略本质，片面推测；不怀疑自己的判断，只是相信自己，怀疑他人，挑剔他人。具有猜疑心理的人把自己置于一种苦恼的心态中，对别人采取不信任的态度，严重的甚至对自己的感觉也产生怀疑。

猜疑心理往往导致心理偏执。这种人常常敏感固执、谨小慎微，事事要求十全十美。这样不仅危害自己，也危害他人。

人家本来对你怀有好感，或曾经还是好友，你却以人家的某一句无意识的话，某一个细小的无意识的动作或眼神，便怀疑别人在搞你的名堂，在暗中捣你的鬼，在议论你，在说你坏话，从而对他产生偏见，中断与他的交往，或断绝与他的友谊。你还可以把一对男女的一次极为正常的交往，猜疑为偷情。

你可以把所有女人给丈夫的信都疑为情书，或者把所有男人给妻子的信都疑为情书。如果没有任何把柄，就疑为精神恋爱。所以，对一个家庭来说，猜疑往往是造成夫妻不和、家庭分裂的原因之一。因夫对妻或妻对夫之间无端猜疑引起本来无事却生出了事，本来忠贞的因被怀疑不忠而导致后来果然不忠的事时常发生。或者，因一方无法忍受另一方长期的无端猜疑而产生厌恶和烦恼，以致最后决裂的事时常发生。

没有几个人愿意与一个好猜疑别人的人交往。由于害怕引出一些无端的麻烦，他们大多对你避而远之。故好猜疑者多为孤独者，而你的孤独却不是哲学家高雅的孤独——要去世俗之外寻找新的生命和思想，你是处在得不到别人帮助的孤独，一种卑贱的孤独。你会处处行路难，生命的能量无法施展，智力和才华也无法展开，事业也很难有所成。

好猜疑又行动果敢的人是极罕见的，培根曾说亨利七世是一个这样的人。更多的好猜疑者伴随着胆怯和畏惧的个性，这更加要命，不克服这种个性缺陷，你只能去凄凄惨惨戚戚地经营人生。

我们必须认识到，猜疑是人心理上的劣根性，猜疑流淌在我们每个人的血管里，如果我们不采取解毒的手段，它的后果就会像毒品一样把我们整个民族推向“窝里斗”的水深火热之中，哪里还有精力去搞发展呢？猜疑是“窝里斗”的祸根；猜疑是化友为敌的障眼帘；猜疑是造成自杀和他杀的毒品！

猜疑者的思维方法是自圆其说，因为自己丢了东西，看他近日行为异常，所以肯定是他偷的。

所以不管是调适自己，或对待猜疑的朋友，调整思维方法都是极其重要的。

你如果怀疑某个人、某件事，最简单的办法就是去与那个人交谈，坦诚而友好地与他交流自己的看法，获得真实的认识，从而达到理解。一旦理解了，你就不会再挂在心中，不再记恨那个人了。

消除误会的办法就是面对面地交流。这比任何旁敲侧击、迂回了解、间接道听途说都省事而见效。猜疑的人往往目光短浅，没有远大的目标，没有真诚善良的心。欲调适自己的心态和与猜疑者相处的办法是：

首先，培育爱心，从对小动物的爱到对人的爱，猜疑总是从坏的方面猜，是没有爱心的表现。

其次，培育宽容的心理品质。宽容就是承认差异，降低对别人的要求。能够宽容别人是坦诚与人相处的首要条件，因为宽容是深思熟虑的素养，是内心深处去除荆棘的法宝。

人生哲理

相信别人，相信自己，相信这个世界。走出神经质和绝对化的阴影，这样你才会拥有那份轻松快乐的心情，你才会拥有和谐完美的人生。

杞人忧天，无端忧虑

也许你正走在正确的前进道路上，但是突如其来的忧虑却像洪水般包围你，让你迷失本来的正确方向。

黄昏时刻，有一个人在森林中迷了路。天色渐渐地暗了，眼看黑幕即将笼罩，黑暗的恐惧和危险，一步步逼近。这个人心里明白：只要一步走差，就有掉入深坑或陷入泥沼的可能。在树丛后面潜伏着饥饿的野兽，正虎视眈眈地注意着他的动静，一场狂风暴雨式的恐怖正威胁着他，侵袭着他。万籁无声，对他来说是那么的恐怖和孤单。

这时，凄黯的夜空中，几颗微弱的星光，一闪，一烁，似乎带来了一线光明，却又不时地消失在黑暗里，留给人迷茫。但是对汪洋中的溺水者来说，一根空心的稻草都是珍贵的，都认为是救命的宝筏，虽然一根稻草是那么的无济于事。

突然间，眼前出现一位流浪汉踽踽独行，他不禁欢呼雀跃，上前叫住，探询出去的路途。这位陌生的流浪汉很友善地答应帮助他。走呀走！他发现这位陌生的流浪汉和他一样的迷途。于是他失望地离开了这位迷途的陌生伙伴，再一次回到自己的路线上来。

不久，他又碰上了第二个陌生的人，那人肯定地说他拥有逃出森林的精确地图，他再次跟随这个新的伙伴，终于发现这是一个自欺欺人的人，他的地图只不过是他自我欺骗情绪的幌子而已。于是他陷入了深深的绝望之中，他曾经竭力问他有关走出森林的知识，但他的眼神后面隐藏着忧虑和不安，他知道他和自己一样地迷茫。

他漫无目的地走着，一路的惊慌和失措，使他由彷徨、失落到恐惧。无意间，当他把手插入口袋时，找到了一张正确的地图。

他若有所悟地笑了：原来它始终就在这里，只要按照自己的想法去寻找就行了。从前他太忙，忙着询问别人，反而忽略了最重要的事情。

如同这位流浪者，你天生具有一份内在的地图，指引你离开忧虑和沮丧的黑森林。这个故事告诉人们，情绪性的忧虑是多余的。

不要把忧虑和恐惧隐藏在心中。许多人有忧虑与不安时，总是深藏在心间，不肯坦白说出来。其实，这样做是很愚蠢的。内心有忧虑、烦恼，应该尽量讲出来，这不但可以给自己从心理上找出一条出路，而且有助于恢复头脑的理智，把不必要的忧虑除去，同时找出消除忧虑、抵抗恐惧的方法。

人生哲理

不要怕困难，只有不怕困难的人，才可以战胜忧虑和恐惧。

要学会灵活变通

做人要懂得方圆并用。有圆无方则不立，有方无圆则滞泥。但有些人在为人处世中，却死板得要命，不知变通。这种坏毛病使得这些人在人性的丛林中举步维艰。

所谓的死板就是不灵活，就是不懂得变通，说话办事缺乏灵活性和针对性，用一种态度、一种方式对待所有的人和事。死板过分就成了一种毛病、一种缺陷，这种病让你不善于从对方的需要和好恶中去选择自己的言语和行为方式。他们往往把这种改变看做是油滑，看做是对原则的违背和对道德的亵渎，他们也缺乏对人的心理微妙变化的体察和灵活多样的处事方法，这种观念上的误导和能力上的缺陷合在一起，就大大制约了自己的社交能力和交往效果，往往出现事与愿违的结果。

迎合别人的需要和好恶并不是不讲道德不要原则，因为它仅仅是顺应了一条最普通的心理规律，即每个人都是希望被认同的。在取得了对方的认同之后，办起事来方便，才容易产生预期的效果。办同样一件事，善于揣摩对方心理者和不善于揣摩对方心理者，很可能就会出现迥然不同的结果。

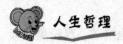

三国时代，刘备在四川当皇帝，碰上天旱——夏天长久不下雨，为了求雨，乃下令不准私人家里酿酒，因为酿酒，会浪费米粮和水，就下令不

准酿酒。命令下达，执行命令的官吏，在执法上就发生了偏差，有的在老百姓家中搜出做酒的器具来，也要处罚。

老百姓没有酿酒，只搜出以前用过的一些做酒工具，怎么可算是犯法呢？但是执行的坏官吏，一得机会，便“乘时而驾”，花样百出，不但可以邀功求赏，而且可以借故向老百姓敲诈、勒索。报上去说，某人家中，搜到酿酒的工具，必须要加以处罚，轻则罚金，重则坐牢。虽然刘备的命令，并没有说搜到酿酒的工具要处罚，可是天高皇帝远，老百姓有苦无处诉，弄得民怨处处，可能会酝酿出乱子来。

简雍是刘备的妻舅。有一天，简雍与刘备两郎舅一起出游，顺便视察，两人同坐在一辆车子上，正向前走，简雍一眼看到前面有个男人与一个女人在一起走路，机会来了，他就对刘备说：“这两个人，准备奸淫，应该把他俩捉起来，按奸淫罪法办。”刘备说：“你怎么知道他们两人欲行奸淫？又没有证据，怎可乱办呢！”简雍说：“他们两人身上，都有奸淫的工具啊！”刘备听了哈哈大笑说：“我懂了，快把那些有酿酒器具的人放了吧。”这是以曲求全的一幕闹剧。

当一个人发怒的时候，所谓“怒不可遏，恶不可长”。尤其是古代帝王专制政体的时代，皇上一发了脾气，要想把他的脾气堵住，那就糟了，他的脾气反而发得更大，不能堵的，只能顺其势，转个弯，把他化掉就好了。这是说身为大臣，做人家的干部，尤其是做高级干部，必须要善于运用的道理。

周朝，春秋时代的齐景公，在齐桓公之后，也是历史上的一位明主。他拥有历史上第一流政治家晏子——晏婴当宰相。当时有一个人得罪了齐景公，齐景公乃大发脾气，抓来绑在殿下，要把这人一节节地砍掉。古代的“肢解”，是手脚四肢、头脑胴体，一节节地分开，非常残酷。同时齐景公还下命令，谁都不可以谏阻这件事，如果有人要谏阻，便要同样的肢解。皇帝所讲的话，就是法律。

晏子听了以后，把袖子一卷，装得很凶的样了，拿起刀来，把那人的头发揪住，一边在鞋底下磨刀，做出一副要亲自动手杀掉此人为皇帝泄怒的样子。然后慢慢地仰起头来，向坐在上面发脾气的齐景公问道：“杀人总得有个方法，请问尧舜肢解人的时候，从身体的什么部分开始？”

齐景公听了晏子的话，立刻警觉，自己如果要做一个明王圣主，又怎么可以用此残酷的方法杀人呢？所以对晏子说："好了！放掉他，不要伤了寡人的仁爱之名！"

晏子当时为什么不跪下来求情说："这个人做的事对君国大计没有关系，只是犯了一点小罪，使景公生气，这不是公罪，私罪只打二百下屁股就好了，何必杀他呢？"如果晏子是这样为他求情，那就糟了，可能火上加油，此人非死不可。他为什么抢先拿刀，做出要亲自充当刽子手的样子？因为怕齐景公左右有些莫名其妙的人，听到景公要杀人，拿起刀来就砍，这个人就没命了。

他身为大臣，抢先一步，把刀拿着，头发揪着，表演了半天，然后回头问景公，从前那些圣明国君要杀人，先向哪一个部位下手？请景公指教是否是一刀刀的砍？意思就是说，你怎么会是这样的君主，会下这样的命令呢？但他当时不能那么直谏，直话直说，会使齐景公下不了台阶，弄得更糟。所以他便用上灵活变通的谏劝艺术了！

人生哲理

成功离不开灵活变通，做事懂得变通，事情就容易成功。

冤冤相报何时休

古人说"有仇不报非君子"，古人也说"君子不念旧恶"。二者针锋相对，给人以难辨是非之感。仇恨就像熊熊燃烧的火焰，它可能在摧毁你的敌人的同时也堵死了你自己的所有退路和前途。如何择取，明人自知。

史书上说范雎"一饭之德必偿，睚眦之怨必报"。"睚眦必报"这个词，说某人气量狭小，被人瞪上一眼，也要打回去，鲁迅就被人这样骂过。现在，我们先来看下范雎对于他的仇人魏齐是如何睚眦必报的。

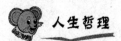

秦昭王时，秦国一位权高势大的宰相范雎，极有口才，秦昭王对他十

分信任。

范雎本是魏国人，在魏国时，曾随中大夫须贾到齐国去过一次，须贾怀疑他同齐国私通，回国后报告宰相魏齐。魏齐叫人把范雎毒打一顿，范雎装死，才得脱险，躲到朋友郑安平家里，改名张禄，慢慢养伤。接着，通过秦国派到魏国的一个使臣王稽的关系，偷偷到了秦国。在秦国，又经王稽推荐和他的巧言善辩，取得秦昭王的赏识，登上宰相高位。

范雎当了宰相不久，就向魏齐发出报复信号。那一天，范雎大设宴席，尽请诸侯使者，高坐堂上，饮食甚盛。须贾作为魏国使者也在其中，却坐在堂下，伺候他的是两个劳改犯。

在古代，劳改犯通常要被斩掉左趾，脸上黥字，剃去胡须头发，弄得人不像人，叫做“城旦”，在建筑工地接受劳改——修城墙或者修仓廪。大约这两个劳改犯罪行较轻，派到宫里干事，负责在宫廷喂马。他俩兴高采烈，把一些马料和豆拌在一起，左右夹持着喂给须贾吃。

当时吃饭很有讲究。吃饭时，不要搓手，不要啃咬骨头。要将骨头扔给狗吃。不要专吃一样的菜，不要扬去饭的热气。吃过的鱼肉，剩下的不要放回食器中。吃小米饭不用筷子，要用手抓。抓饭时，不要把饭团成饭团。羹中有菜当细嚼。不要往羹里放调味品，如果客人往羹里放调味品，主人就会抱歉地说自己不会烹饪。不要大口地啖肉酱，如果客人大口啖肉酱，主人就要抱歉地说备办不够。卤的肉可以用牙齿咬断。干肉不要用牙齿咬断，要用手将它撕开。吃烤肉时不要一大块往嘴里塞。不要当众剔牙。总之比西餐规矩还多。

堂上的宾客们恭谨地遵守着这些吃饭礼仪的时候，堂下的须贾却正用手抓着马料吃。相比之下，真是人鬼殊途。须贾眼里呛着泪水，对喂他马料的哥俩说：“我的用于磨碎食物的臼齿的齿面不如它们有蹄类动物宽大发达，请你们慢点喂。”但是，劳改犯的爱还是如潮水，用马料将他包围。“我这就不明白了，既然已经宽释我了，干吗还要羞辱啊。”须贾气恼起来。其实，这已不是个人恩怨问题，而升级到政治斗争了。

范雎告诉须贾：“我虽然饶你不死。但胸中小不平，可以酒消之；而世间大不平，非剑不能消也。回去转告魏王，马上送魏齐的人头来，不然的话，秦国将屠大梁。”

须贾的目光呆滞下去，回去之后，把噩运传来给了魏国人民的好相国——当初曾殴打范雎，贵族公子出身的魏齐。

魏齐吓得屁滚尿流，慌忙逃往赵国，藏在好友平原君府中。

秦昭王为了替相国范雎报仇，假意邀请平原君到秦国来作十日之饮，交个朋友。平原君不敢拒绝。与秦昭王畅饮几日之后，秦昭王道：“从前，周文王得姜子牙以为太公，齐桓公得管仲以为仲父，我们的相国范雎也是寡人的仲父，他的仇敌就是寡人的仇敌。他的仇人魏齐现在藏在你家，请你派人取其头来。不然，你恐怕回不了赵国了。”

平原君素以好义重士著称江湖，不肯出卖朋友，说：“魏齐是我的哥们，就算他狼狈逃窜至我处，我不能交出他。何况，他并没有狼狈逃窜至我处。你若想扣留我，也罢，西部现在正需要大开发，我待在这里不走了，看山景也不错。”

秦昭王嘿嘿一笑，留下平原君看山景，然后写信给赵惠文王：“大王的弟弟现在敝国看风景，我们相国范雎的仇敌藏在他的家中。大王请疾持魏齐的人头来，不然，我举兵相加于赵。”

赵惠文王觉得自己的弟弟性命比魏齐的人头重要，就派兵将平原君府团团包围，欲捉拿魏齐。魏齐闻讯，连夜出逃，求救于赵相国虞卿。虞卿这家伙是个很有个性的青年，虽然位高爵大，却义气得不要命，他居然弃了相印。单身与魏齐一同逃至魏国大梁，投奔信陵君。

信陵君和孟尝君、平原君一样，名列战国四君子，以扶困济难为己任，但他却犹豫了。

这位信陵君有个狗头军师叫做侯嬴，是市井混混出身，劝他说：“公子似乎不愿意搭救魏齐，窃为公子不取也。魏齐也是咱们魏国宗室公子，跟您一脉连枝，又贵为相国。”

“但是，秦国购之甚急，大兵接踵即到。我小小一介魏国封君。手里又没兵，只有你们三千吃饭的门客，如何当之？”

经过侯嬴劝说，信陵君最终勉勉强强答应迎接魏齐。但是不知怎么搞的，魏齐突然没耐性了，这个两斤多重的人头也扛得腻烦了，为了它连累了多少江湖好汉和白道高官，算了吧，魏齐干脆抹脖子了。

由此我们可以推见，信陵君其实没有选择接纳他，否则以魏齐这么求生欲强的人，当不至于抹脖子。这大约要引为信陵公子终身的惭恨了。

这一场惊心动魄的“索头”外交，最终以魏齐的人头被魏安僖王送至秦国相国范雎的办公桌上而告终。

范雎作为一国之相，对魏齐不遗余力地追杀，不置对方于死地绝不罢休，似乎器量狭小。其实不然，秦昭王、范雎双双出面，胁迫赵国、魏国的君王高官就范，索要人头，表面上像是为范雎争气，实质是为了显示秦国的声威，建立霸权，并试探魏、赵等国的反应。

果不其然，由于魏国乖乖地献出人头，态度较好，而赵国则一度抵抗，秦昭王遂把“进攻”的矛头从魏国转向赵国。

无独有偶，在战国时期，还有一件睚眦必报的事。战国时代有个名叫中山的小国。有一次，中山的国君设宴款待国内的名士。当时正巧羊肉羹不够了，无法让在场的人全都喝到，中山的国君并未引起重视，认为不过就是一杯羊肉羹而已，在这些人中，恰好有一个没有喝到羊肉羹的人叫司马子期，此人心胸狭窄，因此对此事怀恨在心，到楚国劝说楚王攻打中山国。楚国是个强国，攻打中山国易如反掌。

中山国很快被攻破，国王逃到国外。他逃走时发现有两个人手拿武器跟随他，便问：“你们来干什么？”两个人回答：“从前有一个人曾因获得您赐予的一壶食物而免于饿死，我们就是他的儿子。父亲临死前嘱咐，中山有任何事变，我们必须竭尽全力，甚至不惜以死报效国王。”

中山国君听后，感叹地说：“怨不期深浅，其于伤心。吾以一杯羊羹而失国矣。”意思是说给予不在乎数量多少，而在于别人是否需要。施怨不在乎深浅，而在于是否伤了别人的心。我因为一杯羊肉羹而亡国，却由于一壶食物而得到两位勇士。

人生哲理

冤冤相报何时了。报复别人，最终又落到自己头上，是拿仇恨惩罚自己。

乐于接受批评

比尔·盖茨认为，一个人无论什么时候都要虚心接受批评，尤其是成长中的年轻人。然而不同的是，有的人刚愎自用，受不得半句批评；有的人虚怀若谷，有批评必一概采纳；有些人当面千恩万谢地接受，转个身却忘得一干二净；有的人当面硬不认错，死要面子，背地里却能小心地检讨。

以上四种人都不能算是懂得接受批评的人，因为第一种人和第四种人没有接受批评的雅量，显得风度不佳；第二种人没有审读批评的能力，容易随风倾倒；第三种人没有采纳批评的诚意，只是巧言令色。

那么怎样才是面对批评的最佳态度呢？

情感智商高的人往往从积极的方面来理解别人的批评，特别是严厉的批评。他们会把别人的批评看作自己改进工作、完善个性、克制情绪、提高心理承受力以及激发斗志的机会。

傻子受到一点点批评就会发起脾气来，可是聪明的人却急于从这些责备他们、反对他们和“在路上阻碍他们”的人那里学到更多的经验。美国著名诗人惠特曼这样说：“难道你的一切只是从那些羡慕你、对你好、常站在你身边的人那里得来的吗？你从那些批评你，指责你的人那里学来的岂不是更多？”

我们都应该接受善意的批评，因为人非圣贤，孰能无过，而且往往是错的时候比对的时候多。爱因斯坦就说过，99%的时间他的结论都是错的！

比尔·盖茨常说：“竞争对手的意见常常比我们对自己的看法中肯得多。”可是我们一听到有人在批评自己时，连批评的内容还没搞清楚，就本能地要替自己辩护。人总是喜欢听好听的话，人是感情的动物，理智一碰到感情，就像冰逢烈火，霎时就可以熔解得颗滴无存。

然而，有些东西是需要学的，学着谦虚，学着聪明，学着不要急着为自己辩护，学着对自己说：“如果那个人知道我所有的缺点，他的批评就不会那么温和了。”

那么，当我们受到批评时该怎么办？成功大师卡耐基告诉我们一个办法，当你因为自己受到批评而生气的时候，先停下来说“等一等……我离所谓完美的程度还差得远吗？如果爱因斯坦承认 99% 的时候他都是错的，也许我至少有 80% 的时候是错的，也许我该受到这样的批评，如果确实是这样的话，我倒应该表示感谢，并想办法由这里得到益处”。

如果有人骂你是该死的傻瓜，你会大发雷霆还是反唇相讥？林肯的陆军部长史丹顿就曾骂过他是该死的傻瓜，因为林肯为了讨好某个自私的政客，便签署了一道命令转移某些兵团。史丹顿拒绝执行这道命令，还大骂林肯竟然会下这种命令，简直是该死的傻瓜。有人迅速地报告给了总统，而林肯却平静地说：“如果史丹顿说我是该死的傻瓜，那么我一定是，因为史丹顿一向是对的。我得过去看看这到底是怎么一回事，我究竟错在哪里？”

林肯果真去找了史丹顿，史丹顿让他明白了那道命令的确错得离谱，林肯便撤回了命令。从此事可以看出林肯是一个谦虚之人，因为他认为只要批评是出于善意的，而且言之有理，它的作用比赞美还要大。

人生哲理

如果你想从别人的批评中获益，那么，请记住下面的话：“我们要留下自己干过的错事记录，批评我们自己。因为我们不可能做到完美的程度，让我们接受别人给自己很坦白的、有用的、建设性的批评。”

不要胡乱攀比

很多人爱犯的一个毛病就是盲目地与人攀比，与人攀比除了能满足你那微不足道的虚荣心之外，就再也没有任何好处了。须知你的财富并不是拿来炫耀的。

如今的社会，成功的富人越来越多，而攀比之风也愈演愈烈，对整个社会造成了极大的不良影响。前几年，报纸上刊登了一篇报道，说是几个有钱人在一起比富。一个南方的大款订了三万元一席的饭菜招待朋友，显示他有钱。一位北方的大款不服气，一下拿出三十万元。对饭店的人说："就照这个数给我回敬一桌。"

成功的富人互相攀比，争的是个面子，比来比去，比得满肚子的气。金钱没有带来快乐，而带来了不必要的烦恼。

成功者最好不要去与别人攀比，俗话说天外有天，你成功，有人比你更成功，你去与人攀比，若是知道底细还好，若是不知道的话你就很可能丢大脸。

上海流传着这样的故事。在希尔顿饭店豪华歌厅，一位沾着"祖上荣耀"搞家电批发的阔少在两瓶马爹利下肚之后，便醉醺醺地宣布："今晚所有人的费用我开销。"

众人大悦，阔少更是趾高气扬、目空一切。一位文静如书生模样的青年并未理会，他算好了自己的费用，去服务台结账，服务生不收，并重申了阔少的慷慨。

书生径直走向阔少，把钱递给他。阔少老大不快，像见外星人一样吃惊："你别狗咬吕洞宾，不识好人心！"

书生回答："我不接受你这种居高临下的馈赠。"

阔少轻蔑地一笑："老子有钱！钱就是大哥大！"

书生说："有钱是好事，有钱也不能贬低别人，抬高自己，别人和你一样都是人！"

阔少大笑："别酸了！老九，我扳个小指头够你吃一辈子！今晚我请定了！"

书生眼里流露出一丝愠怒："你有多少钱？"阔少笑得更疯狂了，他喜欢与人比阔。前不久，他和一个台湾商人投掷 XO 酒。他红着眼一口气掷下了 37 瓶。

"听清楚！我有一个商行和三辆私车！"

书生直逼阔少："价值多少？"

“不多！三四百万吧！哈哈……”

“那好，我出500万买下！”在对方的惊愕中，他叫过秘书：“明天去办交接，除了他这个人不要之外，全部都买下来！”

事后，不知天高地厚的阔少才知道这位来自北京的书生是我国杰出的计算机专家之一，是国际专利拥有者，是一个集团公司的大总裁。

在人生之中，其旅程不会是一帆风顺的，处处有坎坷、崎岖，甚至是悬崖。痛苦更是无穷无尽，难道我们非要一味地求苦而将快乐置于身边而不顾吗？这是生活的根本目的吗？不，绝不是。也许有人会说：“不吃苦中苦，怎为人上人？”那么，什么才算“人上人”？人与人之间可比吗？

竞争，使得我们每个人都为了眼前的利益而奔走忙碌，丝毫不敢有所懈怠，这是很正常的。于是，我们攀比，希望在各个方面都超过自己周围的人，当超过了自己周围的人我们还想再超过其他更远的人，我们还想样样争第一。我们也不想一想，一个人以有限的精力能实现他所有的梦吗？不可能，注定了他的大多数梦是会化为肥皂泡的。这样，盲目的攀比，其结果只能使自己更加的痛苦，而仍一无所得。

人为什么总这样独断？为什么不允许别人超过自己呢？别人也是人嘛！我们没有理由光相信自己的力量，我们没有理由不让别人超过我们，我们甚至没有理由去怀疑别人。我们应该拥有自我，去安静地生活，干自己该干的事情，做自己喜欢的工作，在自己的范围内寻找有意义的事情，去和对手竞争，一步一步向高的阶层攀登。这样，我们便能在人生的每一步成长的过程中，体验到自我实现和成长的足迹，同时也会体会到自我奋斗的快乐！

有些“成功者”稍微有一点钱就不知道天有多高，总是喜欢与人比阔斗富，结果往往输得惨不忍睹。

你现在有一万元，你就可以享受一万元的快乐。如果你跟人家一比，人家有一百万了，你一万元的快乐就会烟消云散，本来你的天空有温暖的太阳，这时就会阴云密布。

如何袪除与人攀比的毛病，你可以按以下的方法去做：

1. 保持一颗平常心态，过自己的日子。

2. 不羡慕别人的荣华富贵。

3. 尽自己最大的努力去创造财富。

4. 在创造的过程中，享受生活的快乐。

5. 不管结果好坏，收获大小，只要付出了劳动，就会感受到快乐。

人生哲理

不盲目与人攀比，你就会享受生活对你的馈赠，你就会享受生活的快乐和幸福。所以，我们一定要知道，你的生活是你的，你的幸福也是你的，只要你与别人一比，这一切就都变为烟云，不复存在了。

不要傲慢清高

刻意地去追求高人一等的境界，只会在你昂起高傲的头颅时，因踢到地面的石子而重重地摔一跤。傲慢并不能显出你身份的尊贵，反倒会将你打入无知的行列中。

人们常常注意到的所谓清高、孤傲与怠慢其实是一种自私心理，通常这三者是结合在一起的，它们相互作用的结果往往使你孤陋寡闻，而其中危害最深的就是傲慢。

傲慢就是粗俗。它哗众取宠、盛气凌人，往往摆出趾高气扬、不可一世的俗态。

傲慢就是无知。它庸俗浅薄，狭隘偏见，表现出夜郎自大的心态，是虚荣和一知半解结合而成的怪物。

傲慢就是愚蠢。它故作高深，附庸风雅，其实是井底之蛙的仰望，是矫揉造作的不高明的表演。

傲慢就是自负。它会使人觉得难于接近，只得敬而远之，或避而躲之。

中国的传统文化素来鄙视傲慢，崇尚平等待人。一般来说，知识越多，学问越广的人就会越谦虚；文化越低，气量越小的人就会越傲慢。被奉为千古宗师的孔子说过这样的话：不要强不知以为知，要知之为知之，不知为不知。莫忘三人行必有我师。谦逊的态度会使人感到亲切；傲慢的架子会使人感到难堪。

相传南宋时江西有一位名士傲慢至极，凡人不理。一次他提出要与大诗人杨万里会一会。杨万里谦和地表示欢迎，并提出希望带一点江西的名产配盐幽菽来。名士见到杨万里后开口就说："请先生原谅，我读书人实在不知配盐幽菽是什么乡间之物，无法带来。"杨万里则不慌不忙地从书架上拿下一本《韵略》，翻开当中一页递给名士，只见书上写着"豉，配盐幽菽也"。

原来杨万里让他带的就是家庭日常食用的豆豉啊！此时名士面红耳赤，方恨自己读书太少，后悔自己为人不该如此傲慢。

那么，如何才能克服自己傲慢的坏毛病呢？以下有两点可供参考：一是认识自己；二是平等待人。

防止傲慢首先要认识自己，一个傲慢的人要正确认识自己是很不容易的，他要么自以为有知识而清高，要么自以为有本事而自大，要么自以为有钱财而不可一世，要么自以为有权势而压人，殊不知，山外有山，楼外有楼，比他强的人多得是。人最好还是要有自知之明，古今中外成大事业者，都是虚怀若谷、好学不倦、从不傲慢的人。

宋代文学家欧阳修，其晚年的文学造诣可说是达到了炉火纯青的地步，但他从不恃才傲物，仍一遍遍修改自己的文章。他的夫人怕他累坏了身体，劝他说："何必这样自讨苦吃？又不是孩童，难道还怕先生生气吗？"欧阳修回答说："不是怕先生生气，而是怕后生笑话！"可见，虚心自知，才是医治傲慢的一剂良方。

防止傲慢还要做到平等待人。平等待人不仅是文明礼貌的行为，也是人品修养的天平。平等待人是针对傲慢无理而言的。它要求人们在社会交往中，不管彼此之间的社会地位和生活条件有多大的差别，都一视同仁，待人要切忌"势利眼"。古人说"不谄上而慢下，不厌故而敬新"，就是告诉我们待人时不应用卑贱的态度去巴结逢迎有权势、有钱财的人，而怠慢经济条件较差、社会地位不高的人。

人本无高低贵贱之分，每个人都有自己的人格，人格作为人的一种意识和心理深深地附着在人的身上，并时时加以维护。人格的基本要求是不受歧视，不被侮辱，即要求平等。

人生哲理

如果你不愿遭到别人的反感、疏远，那你就切勿傲慢和过分强调自我。如果人人都注意加强品德修养，人人都谨防傲慢，那将会使我们的人际关系更加和谐，使我们生活得更加幸福和愉快。

不要太冲动

俗话说：“尺蠖之曲，以求伸也；龙蛇之蛰，以求存也。”在生活中，我们常常会遇到许多力不从心的事情，有的人好逞匹夫之勇，最终却撞得个头破血流，但又有一些人却懂得“小不忍则乱大谋”的道理，以暂时的退步赢得了以后发展的空间。

汉初，韩信作为汉高祖刘邦的重要谋士之一，运筹帷幄之中，辅助汉高祖平定天下，因功被封为留侯，与萧何、张良一起共为汉初“三杰”。

韩信生长在秦朝末年，正是兵戈四起的年代，为了能够更好地施展自己的抱负，韩信在读书的同时也练习武艺，以期望将来以此从军拜将。因此，身边常常佩带一把宝剑，没想到这引起淮阳城内一个少年的反感，他看不惯韩信带剑出行这种做派，于是抓个机会在闹市拦住韩信，当着众人的面对韩信说：“你要是有胆量，就拔剑刺我；否则，就从我的裤裆下钻过去。”

旁边的人都知道这是故意找碴儿羞辱韩信，于是都停下来看韩信会怎么办，结果韩信考虑了一会儿后，一言不发从那人的裤裆下钻过去了。于是当时在场的人哄然大笑，纷纷嘲笑韩信是胆小怕死，没有骨气之人。

我们可以试想一下，如果当时韩信选择了拿剑去刺人，那历史无疑会增加一名囚犯，少了一位叱咤风云指点江山的大将。

现实生活是残酷的，总会碰到不尽如人意的事情。残酷的现实逼得你不得不低下高傲的头颅，这时候，你必须面对现实。要知道，敢于碰硬，不失为一种壮举，可是，胳膊拧不过大腿，拿鸡蛋碰石头，只能算作是无谓的牺牲。这时候，就需要用另一种方法来迎接生活。

此时，不妨拿出一块心地，专门放置不平之事，闭起双眼，收起面子，权当不觉。

中国有句古话：忍一时，风平浪静；退一步，海阔天空。意思是让我们在某些特殊情况下，不要一味地使用莽劲去碰壁，而应该分析局势，做出某些以退为进的决策。这句古话的核心思想就是一个“忍”字。

忍学是中国的国粹，是中国两千多年来的儒家思想的精髓。中国历史上的许多成名人物都是靠忍字而成大业的。现代世界上许多在事业上非常成功的犹太籍、日籍的企业家、金融巨头亦将忍字奉为修身立本的真经，均在自己家中、办公室中悬挂着巨大的忍字条幅……可以毫不夸张地说，忍学是世界上成功的企业家、政治家、军事家、外交家、科学家的必修之课。

为什么要提倡“忍”呢？这是根据某些事物的具体情况来决定的。有的时候，你处于十分尴尬的境地，无论你怎么努力，成效似乎都不大。被你一直信奉不疑的“一分耕耘，一分收获”似乎不再有效，这就好比手中拿着一万块钱却想通过自己的精心测算、分析来撼动股市一样。此时，你所做的最好策略就是不要凭着自己的“蛮劲”，一味地相信自己的判断，投入到某些前途极端凶险的股票中，相反，若你退一步，静观一下股市变化，先求其次，买一些绩优股，待选定时机再东山再起，投入到选中的冷门中，这时你才能真正获得成功。

古人说：“小不忍则乱大谋。”忍耐精神是一个人睿智的表现，更是一个人处世谋略的运用。尤其在官场上难得事事称心如意，丢失面子是常有的事，学会忍耐，退一步海阔天空，可以获得无穷的益处。

人生哲理

顾及面子，逞匹夫之勇，图一时的痛快，这是平凡人的通常做法；百忍成金，把面子当做身外之物，适时的放下来，却只有杰出人物才做得到。

交浅言深易受伤

俗话说“逢人只说三分话”，还有七分不必对人说，但有的人却有个毛病，逮着一个人就恨不得要掏心掏肺，还振振有词地说：“大丈夫事无不可对人言。”殊不知这种做法跟引火烧身没有两样。

在现实中，正人君子有之，奸佞小人有之，既有坦途，也有暗礁。在复杂的环境下，不注意说话的内容、分寸、方式和对象，往往容易招惹是非，授人以柄，甚至祸从口出。因此，说话小心些，为人谨慎些，使自己置身于进可攻、退可守的有利位置，牢牢地把握人生的主动权，无疑是有益的。一个毫无城府、喋喋不休的人，会显得浅薄俗气，缺乏涵养而不受欢迎。西方有句谚语说得好：上帝之所以给人一个嘴巴，两只耳朵，就是要人多听少说。

在现实生活中，我们不难发现，那些口若悬河、好出风头、心中藏不住半点秘密的人一定是非常浅薄的。时间长了，也令人反感乃至厌恶。相反那些看来口齿笨拙或者总是隐藏自己才干的人，却往往成竹在胸、计谋过人，更容易成功。

过去说“宰相肚里能撑船”，是说大人有大量，这大量也包括镇定自若，胸中自有百万雄兵，能藏得住秘密，不会显山露水。实际上，宰相肚里的船不会撑到外面去，心机只有自知。肚里无论怎么计策谋划，仍然不动声色。等对手麻痹了、放松了，甚至高兴了，就可以悄无声息地随意处置对方。或者，至少让人相信你是一个诚实的人，不会陷害或攻击对方，让人对你产生好感。这是一种非凡的人格修养，也容易获得别人的信任。试想，如果你肚里什么都包藏不住，这边听了那边说，谁还会相信你呢？

有这方面经验的人，一定会只说三分话。或许你会认为他们是非常狡猾的，是不诚实的。其实，这种观点是比较片面的。每个人说话时都得看对方是什么样的人，如果对方不是一个可以尽其所谈的人，说话说三分就已经不少了。

孔子曾经说过这样的一句话："不得其人而言，谓之失言。"如果对方不是你深交相知的人，而你却畅所欲言，虽然你说出了自己的所有话，而对方会有什么样的反应呢？你所说的话，都是属于你自己的事情，对方是否愿意听你讲呢？

如果你们之间关系浅薄，而你与他深谈，会显得你没有一点修养；如果你说的话是关于对方的，而你又不是他的诤友，所以他会觉得你不配与他深谈，虽然忠言逆耳，但是却显出你的冒失；如果你说的话是关于社会的，可是你并不能明白对方的立场究竟如何，你也不会明白对方的主张究竟如何，可你偏高谈阔论、畅所欲言，那样会很容易招祸的！

所以，逢人只需说出三分话，也不是不可说，而是不需要说，不必说，不应该说，那么与"事无不可对人言"也就没有什么冲突了。

所谓的"事无不可对人言"，就是指你所做的每一件事，并不是必须向别人尽情地宣布，只说三分就可以了。那些有经验的人，是不是每件事都对人言，那是另一问题，而他只说三分话，那是不需要说，不必说，也是不该说的关系，那绝不是不诚实、狡猾的表现。

原本说话就有三个限制：人、时、地。如果不是其人就不必说；虽然得其人而没有得其时，这时也是不必说的；即使是得其人，也得其时，但却没有得其地，那也是不必说的。没有得其人，而你说出了三分真话，其实那已是很多了；如果你得其人，但是却没有得其时，你说出了三分真话，其实那是在给他暗示，你要看看他听到这些真话之后有什么样的反应；如果你得其时，没有得其地，而你说了三分真话，其实那就可以引起他的注意力了，如果有必要的话，你可以与他长谈下去，这样的人才能称作是精通世故的人。

另外，"逢人且说三分话，未可全抛一片心"，也不失为沟通的一大原则。因为与人沟通只有说人话，而与鬼沟通鬼话才起作用。若一旦人鬼不分，那么反而坏事，无论是人是鬼，说话都只许抛出三分，而不可将自己的心思全盘抛出，即使是自己的亲朋、妻子，亦如此。你说得太细、太多，不仅对自己不利，反而会让对方认为你这人好像小看他，连最起码的东西都给他解释，这也太低估对方的能力了，这样你势必被误解、被扭曲。只有说出三分，你才可能收获很多。那么究竟该说哪三分呢？

首先，场面话必须要说的。所谓场面话，即是一种应酬而不负责任的话，比如老朋友相见的相互寒暄，表面上答应别人的客套话“我全力帮忙”、“我会考虑考虑的”等。这种话在交际中常常有，而且非常模棱两可，但是说话者却不用负自己的责任。因此，场面话只不过是应付当时的尴尬局面而已。这时，你说多了也无妨。

其次，双方都关注的话必须要说，谈话的双方必须都要对一个标的发表自己的观点。这时，不妨在适当的情况下，发表你的观点，争取主动权，同时要细听他方观点，并随时提出反驳意见，不让对方占上风。

最后，关于自己切身利益的话要说。人活着都是为了追求个人利益的最大化，个人利益并不是什么令人羞愧的东西，只要合理，就应该争取。属于你自己的，就不应该让给别人，特别是在同一单位之中，同事之间不能推让个人合理的利益，你想，你推让一次可以，让你推让多次，甚至永远这样推让下去，你愿意吗？你会因心理不平衡而导致严重的后果。万一，别的同事迫于你的压力也这样干下去，那岂不是又害了大家，同样又造成他们对你的反对。这样办，何苦呢？不如顺其自然，各人追求各人的合理利益，这样大家都心安理得，不是很好吗？所以，对于个人利益，不要闭口不谈，也不要故意推让，要大胆要求，合理取舍。

人生哲理

“逢人且说三分话，未可全抛一片心”，的确是古人的金玉良言。人性的丛林是复杂的、险恶的，一个人只身闯荡社会，不仅需要大智大勇，而且需要谨慎的个性，处处留心，时时在意，方能站稳一席之地。